GUIDE

DES

VOYAGEURS ET DES MALADES

AUX EAUX-BONNES.

PAR

M. LE DOCTEUR ÉDOUARD VASTEL.

PARIS.

BÉCHET J^{e}, LIBRAIRE DE LA FACULTÉ DE MÉDECINE,

PLACE DE L'ÉCOLE-DE-MÉDECINE, 4.

1838

GUIDE

DES

VOYAGEURS ET DES MALADES

AUX EAUX-BONNES.

PARIS. — IMPRIMERIE DE RIGNOUX,
Rue des Francs-Bourgeois-S .-Michel, 8.

GUIDE

DES

VOYAGEURS ET DES MALADES

AUX EAUX-BONNES.

PAR

M. LE DOCTEUR ÉDOUARD VASTEL.

PARIS.

BÉCHET JEUNE, LIBRAIRE-ÉDITEUR,

PLACE DE L'ÉCOLE-DE-MÉDECINE, 4.

1838.

AVERTISSEMENT.

Il existe un grand nombre d'ouvrages sur les Pyrénées et les localités thermales. Les uns ont été écrits par des savants qui ont cherché dans l'étude de ces hautes montagnes la solution des plus importantes questions de la géologie, ou qui les ont parcourues dans le but de recueillir l'abondante moisson de plantes rares, qui ne croissent que sur leurs cimes élevées. Les autres sont dus à la plume plus ou moins heureuse de ces voyageurs que la vue des montagnes impressionne profondément, et qui ne peuvent résister au désir de faire partager aux autres les vives sensations qu'ils ont éprouvées. Dans l'impossibilité de tout voir et de tout décrire, les uns et les autres ont donné la préférence à la partie centrale de la chaîne, soit parce que la plus grande élévation des montagnes y rend les études scientifiques plus fructueuses, soit parce que dans le département des Hautes-Pyrénées se trouvent le plus grand nombre des établissements thermaux que la foule des oisifs ou des malades visite chaque année. Il résulte de cette prédilection motivée, qu'à l'exception de quelques recherches géologiques de Palassou sur la vallée d'Ossau, et des Lettres spirituelles de M. de L***, les Eaux-Bonnes ont été complétement oubliées, ou si dédaigneusement traitées par les autres écrivains, que leur silence eût été préférable à ce qu'ils en ont dit.

Cependant ces eaux sont situées dans une des parties les plus belles des Pyrénées. La nature y a réuni, dans un petit espace, ce qu'elle a répandu ailleurs sur une grande étendue, de sorte que le voyageur, forcé de borner là son itinéraire, peut y prendre une idée exacte de tout ce que les hautes montagnes offrent de pittoresque ou de sublime. Vallées, bois, torrents, cascades, grottes profondes, gorges sauvages, pics décharnés, neiges éternelles, tout est là dans un rayon de moins d'une lieue, et accessible sans danger comme sans fatigue. Sauf un très-petit nombre d'espèces, la Flore des Pyrénées s'y trouve tout entière; et partout volent les plus beaux papillons, ou bourdonnent d'autres précieux insectes. Nulle autre part le costume des villageois n'est aussi beau, les coutumes plus curieuses, le caractère des habitants plus affable ou meilleur. Chaque année, pendant trois mois, une société choisie se presse dans les hôtels qui entourent l'établissement thermal, et vient y chercher la santé dans l'usage bienfaisant des eaux, au milieu d'un air pur et d'une nature ravissante.

S'étonnera-t-on maintenant que je n'aie pu résister au désir de rendre enfin aux Eaux-Bonnes la justice qui leur est due, et de leur payer mon tribut d'admiration et de reconnaissance? Ce motif d'ailleurs n'était pas le seul qui m'ait engagé à écrire : témoin, pendant deux étés, des cures nombreuses dues à ces eaux ; et, il faut le dire, témoin aussi de quelques cas moins heureux où, loin de soulager, elles ont aggravé le mal, j'ai voulu dire ce que j'avais observé. Bordeu, dont les ouvrages portent si souvent le cachet du génie, n'a pu se défendre d'une bienveillante exagération en faveur des sources près lesquelles il vit le jour ; et depuis lui, rien de spécial n'a été, à ma connaissance, publié sur les Eaux-Bonnes. Il résulte de là, que beaucoup de médecins, dans l'impossibilité de s'éclairer par eux-mêmes, et trompés par des éloges exagérés, n'ont que des idées peu justes sur le mode d'action et les propriétés de ces eaux. J'ai donc cru, puisque j'en trouvais l'occasion, devoir consigner ici ce que mes propres observations m'ont appris, et ce que j'ai recueilli de mes fréquentes conversations, soit avec l'inspecteur actuel, M. Prosper Darralde, médecin éminemment distingué, et d'ailleurs si riche en faits précieux, soit avec M. le docteur Léon Marchand, auquel on doit un bon traité sur l'action thérapeutique des eaux minérales (1). Puissé-je, dans le peu de lignes que j'ai consacrées à ce sujet, avoir rectifié quelques erreurs, dont les suites peuvent être si funestes aux malades qui entreprennent un voyage souvent long, pénible et dispendieux, et qui, arrivés près de ces eaux, sont condamnés à n'en pas faire usage !

Il n'est guère possible d'habiter au milieu des montagnes, dont la Flore est, tout à la fois, si riche et si attrayante, sans sentir se développer ou renaître le goût pour les excursions botaniques. J'ai pensé que je serais de quelque utilité aux personnes qui cultivent cette

---

(1) *Recherches sur l'action thérapeutique des eaux minérales ;* 1 vol. in-8°. Paris, 1832.

aimable science, en leur indiquant vers quels lieux elles doivent diriger leurs recherches, et en leur donnant le catalogue le plus complet, qui ait paru jusqu'à ce jour, des plantes qui croissent dans la vallée d'Ossau et les montagnes environnantes. J'y ai joint, en faveur des entomologistes, la liste des insectes coléoptères qu'un savant naturaliste, M. Léon Dufour, y a observés.

Enfin, peut-être les voyageurs purement curieux me sauront-ils gré de leur avoir donné des renseignements qui doivent faciliter leur établissement passager, les guider dans leurs promenades et les initier aux mœurs et aux usages populaires de cette contrée.

GUIDE

DES

VOYAGEURS ET DES MALADES

AUX EAUX-BONNES.

Route de Pau aux Eaux-Bonnes. — Situation topographique de ce village. — Hôtels garnis. Restaurateurs. — Marché, etc.

Le service de voitures entre Pau et les Eaux-Bonnes, qui en sont distantes de dix lieues de poste, n'est pas encore entièrement régulier, mais pendant toute la saison des eaux on trouve sur la place Grammont, au moment où arrivent les diligences générales du Midi, les conducteurs de deux ou trois voiturins qui s'empressent de venir offrir leurs services, et qui, moyennant un prix assez peu élevé, vous transportent à votre destination. S'ils ne trouvent cependant qu'un ou deux voyageurs, au lieu d'un chargement complet, ils font des conditions moins bonnes, ou refusent absolument de partir. Ce retard, au reste, ne peut guère se prolonger au delà d'une journée, et ce temps est à peine suffisant pour visiter la capitale du Béarn, son antique château où naquit Henri IV, et ses admirables promenades dont la vue est peut-être la plus belle de la France entière.

A moins que vous ne voyagiez en poste, tâchez de partir de Pau dès le matin. La route est longue, elle monte pendant la moitié de son étendue; les chevaux ne sont pas toujours doués de la plus grande vigueur, et l'on s'arrête ordinairement deux heures à Louvie, afin qu'ils s'y reposent et que les voyageurs y puissent déjeuner ou dîner. Il résulte de là que si vous n'aviez quitté la ville que vers le milieu du jour, vous n'arriveriez aux Eaux-Bonnes qu'au commencement de la nuit, moment peu favorable à la recherche d'un logement qu'il est quelquefois difficile de se procurer.

Quoi qu'il en soit, depuis Pau jusqu'à Gand, c'est au milieu des riches et fertiles coteaux de Jurançon que serpente la route que vous allez parcourir. A droite et à gauche s'élèvent du sein des vignobles d'élégantes maisons de campagne, tandis qu'en face de vous le gigantesque Pic du midi dresse sa double cime orgueilleuse des neiges qui la couronnent en tout temps. Le contraste de la verdure gaie des pampres avec la teinte mélancolique des montagnes vaporeuses et bleuâtres qui ferment l'horizon, la coquetterie des somptueuses *villa* comparée aux simples et majestueuses lignes des Pyrénées dominant tout le tableau, commencent déjà à initier votre âme aux sensations qui l'attendent plus loin.

Cependant la décoration change à mesure que vous avancez : les collines latérales se rapprochent, l'horizon est moins éloigné, les vignes disparaissent, et la jolie rivière de Neiss vient se placer aux côtés de la route qu'elle anime et qu'elle rafraîchit. Soit qu'ombragée par les bois qui la bordent elle ne vous apparaisse qu'au milieu des masses de verdure, prêtant ses eaux limpides au besoin d'un simple moulin, soit, au contraire, que se montrant au grand jour, elle réfléchisse les rayons du soleil ou les décompose dans ses nombreuses et jolies petites chutes, partout elle attire et fixe les regards charmés.

Bientôt, au-dessus du village de Rébénac, et dans une situation délicieuse, apparaît le château de Bitaubé, auteur du poëme de *Joseph*, et traducteur d'Homère. Les riants paysages qui l'entourent immédiatement et les scènes imposantes qu'offrent les sévères montagnes qui s'amoncèlent au delà, expliquent le rare bonheur avec lequel ce poëte sut peindre en même temps les tableaux simples et doux de la vie pastorale, et le caractère âpre et sauvage de ses héros.

Mais lorsqu'après avoir parcouru la jolie route qui de ce lieu conduit à Sévignac, et vous être arrêtés quelques instants à contempler l'abondante source de la Neiss, vous arrivez au point le plus élevé de ce village, alors vous jouissez d'un admirable point de vue. La vallée d'Ossau, qui depuis son origine jusque là s'est progressivement élargie, vous apparaît dans toute sa beauté. Encadrée de toute part de montagnes, dont la hauteur s'élève à mesure qu'elles s'éloignent; parée d'une verdure dont la teinte varie selon qu'elle est due aux champs cultivés, aux prairies naturelles, aux forêts de buis, de hêtres ou de sapins; elle est arrosée dans toute son étendue par le gave qui porte son nom, et qui s'est grossi des innombrables ruisseaux dont la pente des montagnes le force à recevoir le tribut. La petite ville d'Arudi, les villages de Busi, Bexat, Iseste (1) et Louvie-Juson, se groupent çà et là sur les rives du torrent et se montrent en même temps aux yeux de l'observateur étonné. Lorsque descendu de ce belvéder, vous parcourrez les quatre lieues qui séparent les extrémités de cette fraîche vallée, vous trouverez successivement sur votre route même, ou suspendus aux flancs des montagnes, d'autres villages plus ou moins remarquables; Castet au ruines féodales, Bielle dont l'église possède des colonnes que Henri IV lui

(1) Iseste est la patrie de Théophile Bordeu. On trouve, près du village, une grotte assez curieuse, que vous pourrez visiter pendant la halte que l'on fait à Louvie.

envia, Béon et Gère aux populations pastorales, Gétéon qui conserve encore les tombeaux de ses anciens comtes, Louvie-Soubiron, dont les marbres blancs ornent la chambre législative, et Laruns enfin, dernière cure française, où finit la vallée. La route alors quitte la direction du nord au sud, qu'elle avait suivie jusque-là, et, courant vers l'est en traversant sur un pont de marbre le gave qu'elle avait jusqu'alors presque toujours côtoyé, elle monte sur le flanc tortueux de la montagne, en face de l'humble village d'Assouste et de celui d'Aas beaucoup plus élevé, jusqu'au lieu où les eaux modestes de la Sourde (1) viennent se perdre dans les ondes bruyantes du Valentin. Là, dans une espèce d'impasse allongée, formée par de hautes montagnes,

(1) C'est à tort que tous les auteurs ont écrit la Sonde ou la Soude; *sourde* signifie, dans le patois du pays, un ruisseau ou rivière impétueuse qui court sur un lit raboteux. Ce nom n'est point, du reste, propre à la petite rivière qui traverse les Eaux-Bonnes Il y a beaucoup d'autres cours d'eau dans les montagnes qui portent le même nom; ainsi on dit la sourde de Cherne, la sourde de Rolland, etc.

se trouve le village des Eaux-Bonnes. Il se composé d'une douzaine d'hôtels* garnis qui, se pressant parallèlement sur deux rangs, dessinent une rue légèrement tortueuse, dont l'établissement thermal et la chapelle occupent la plus haute extrémité. Réparties inégalement sur les deux côtés de cette unique voie, c'est à l'exposition du midi que se remarque le plus grand nombre de ces jolies habitations, un jardin anglais, frais, ombreux, et bien dessiné, occupant les deux tiers au moins du côté opposé. Ainsi clos et environné de montagnes élevées, Bonnes se trouve à l'abri de tous les vents et éprouve bien moins que toutes les autres localités thermales ces changements brusques de température si fréquents dans les Pyrénées. Ouvert seulement vers le nord-ouest, le village est encore protégé contre les vents qui soufflent dans cette direction, car, dans leur course rapide, ils suivent le bassin du gave dont ils remontent le cours pour s'échapper par le col de Tortes et laissent sur le côté droit les Eaux-Bonnes protégées par la naissance de la montagne de Pobs. Ne croyez pas cependant qu'enfoncé dans une sorte d'entonnoir, ce village soit privé des rayons bienfaisants du soleil; il y luit du matin au soir pendant les trois mois de l'année où les étrangers abondent, et jamais cependant on n'y éprouve de ces chaleurs accablantes qui sembleraient être le résultat nécessaire de la conformation du terrain. Ce site est trop élevé, l'air y est trop raréfié pour que la chaleur atteigne au delà d'une douce température; résultat heureux auquel concourt aussi la belle végétation des montagnes environnantes, dont les croupes onduleuses, couvertes d'arbres élevés, absorbent la chaleur, loin de la refléter sur le village, et y versent abondamment pendant tout le jour les torrents d'oxygène qui s'élaborent au milieu de leur riche foliation.

Les orages y sont rares; c'est ordinairement vers la cime du Pic de Ger, ou la crête de quelque *Pène* élévée que se dirigent les nuées trop chargées d'électricité, et si les longs roulements du tonnerre s'y font entendre, ce n'est jamais avec ces éclats assourdissants qui annoncent la proximité de la foudre. Toutes les fureurs de l'orage se concentrent dans les hautes régions de la montagne dont le feu du ciel a mainte fois sillonné les sommets calcaires, tandis que personne ne se rappelle qu'il soit jamais tombé aux Eaux-Bonnes. Elles se trouvent ainsi profiter de tous les avantages de ces grandes commotions de l'atmosphère, sans ressentir aucun de leurs inconvénients.

Enfin, quoique placé dans un lieu comparativement très-déclive, malgré son élévation réelle (1), et situé sur le passage même de la Sourde, ruisseau qui se change quelquefois tout à coup en torrent après les abondantes pluies d'orage, le village n'a rien à craindre de ce brusque accroissement des eaux, car elles trouvent toujours un écoulement facile dans le canal qui leur est réservé. Je ne parlerai point des avalanches, il ne peut y en avoir ici, toutes les pentes étant boisées; et d'ailleurs à l'époque où les Eaux sont fréquentées la

(1) Les Eaux-Bonnes sont situées à sept cent quarante-huit mètres au-dessus du niveau de la mer.

neige n'existe plus que dans les hautes anfractuosités des montagnes.

Ainsi donc les Eaux-Bonnes offrent une sécurité parfaite du côté de tous les inconvénients habituellement reprochés aux établissements thermaux situés au milieu des montagnes. Voyons maintenant si, sous les autres rapports, cette petite localité est aussi bien partagée.

Rendues célèbres par Bordeu, et fréquentées longtemps avant lui, les Eaux-Bonnes jouissent depuis quelques années d'une telle vogue, que, malgré plusieurs constructions nouvelles, le nombre des hôtels a été jusqu'à présent trop borné pour celui des malades et des promeneurs qui y abondent de tous les points de la France et de l'étranger. Les nombreux bâtiments qui s'élèvent maintenant promettent une amélioration réelle sous ce rapport et remédieront entièrement à l'inconvénient que je signale. Mais ces constructions sont loin d'être terminées et la prudence ne permettra de s'y loger, que lorsqu'il n'y aura plus rien à craindre de l'humidité inséparable d'une aussi récente origine. En attendant, on trouvera facilement à se loger au commencement ou à la fin de la saison ; mais on éprouvera de la difficulté à le faire pendant toute la durée du mois de juillet. Il sera même très-prudent de ne se rendre aux Eaux-Bonnes qu'après s'être assuré d'un logement, si l'on ne veut s'exposer à un assez grand embarras. Le moins qui puisse vous arriver est de passer une ou deux nuits dans votre chaise de poste, à moins que quelque honnête maître d'hôtel, à défaut de chambre ou de cabinet, ne vous établisse un simulacre de lit dans la salle à manger, transformée chaque soir en un dortoir improvisé. Et pourtant je vous suppose en chaise de poste (privilége réservé à la minorité des voyageurs), que serait-ce si, comme celui qui écrit ces lignes, arrivant vers dix heures du soir, au milieu d'un bel orage et sous une pluie battante, vous sortiez, vous sixième, de l'étroit voiturin, et qu'à la lueur douteuse de trois réverbères enfumés que le vent ballote horriblement, vous vous voyiez contraint de heurter à chaque porte, restant sous le larmier, pendant l'examen assez incivil dont vous êtes l'objet, et recevant enfin un refus positif aux demandes pressantes que vous suggère votre critique position! Témoin plusieurs fois de semblables mésaventures, j'ai vu des familles entières forcées de quitter les Eaux-Bonnes le lendemain de leur arrivée, pour aller attendre à Laruns, pendant quinze jours ou trois semaines, que le plus petit logement devînt libre pour les recevoir. Dans ces temps de grande affluence les chambres se paient fort cher et l'on ne peut guère obtenir les plus modestes à moins de trois francs par jour, les autres se louant cinq, dix ou quinze francs, suivant leur grandeur, leur exposition et leur ameublement.

Il faut dire à cette occasion que les hôtels garnis des Eaux-Bonnes, généralement bien tenus, diffèrent cependant entre eux sous plusieurs rapports et méritent que nous entrions dans quelques détails à leur sujet. Les uns, en effet, offrent en même temps aux voyageurs le logement et la table d'hôte, les autres se bornent à louer des chambres et des appartements. Parmi les premiers on doit placer d'abord l'hôtel de France, tenu par M. Taverne, qui trouve dans le choix des étrangers se pressant dans son bel établissement, la récompense des peines qu'il s'est données pour le rendre digne de la préférence dont il est l'objet. Non-seulement ses appartements sont beaux, mais sa table très-bien servie réunit l'aristocratie des malades et des promeneurs, dont l'appétit, aiguisé par l'air vif des montagnes, jouit pour quatre francs par jour de l'abondance et de la délicatesse réunies. L'hôtel du Petit-Paris, celui de l'Europe, moins considérables que le premier et un peu plus modestes dans leur service, ne laissent cependant rien à désirer à leurs nombreux convives. Enfin, et comme il faut que tout le monde vive, l'auberge de Loumiet est là, qui ne dédaigne personne, et s'ouvre même pour les plus petites fortunes. Tous ces restaurateurs non-seulement servent chez eux, mais portent encore à manger dans les autres hôtels garnis, et cela pour des prix plus modérés qu'on ne le rencontre dans la plupart des villes.

Je dois dire avant de terminer cet article

que les propriétaires de tous ces établissements se montrent pleins de zèle pour être agréables à leurs locataires, et s'empressent de leur rendre une foule de ces petits services dont on a si souvent besoin quand on se trouve éloigné de chez soi et surtout dans un état de souffrance.

Il n'y a point de marché proprement dit aux Eaux-Bonnes; cependant chaque matin, dès le point du jour, on voit arriver les boulangères de Laruns qui apportent d'excellent pain, et quelques bouchers dont la viande est loin de mériter le même éloge. De tous les villages voisins, surtout de celui d'Aas, montent de jeunes filles qui, les pieds nus et la corbeille sur la tête, viennent chargées de vases de lait, de petits poulets et de maigres canards; tandis que de jeunes pâtres offrent, dans de petits seaux de bois d'une seule pièce, de minces *chevilles* d'un beurre blanc qui nage dans l'eau fraîche, ou d'appétissants paniers de fraises de la montagne, rouges, parfumées et d'un goût exquis. Si vous joignez à ce menu les rares apparitions de quelques autres fruits et de quelques légumes qui viennent jusque de Pau, les belles et savoureuses truites que fournissent les lacs d'Artouste et de Dormiétat, enfin les gros fromages arrondis, offerts par les chevriers, vous aurez une idée exacte des ressources culinaires de chaque jour.

Près de ces marchands de comestibles se remarquent les étalages mobiles de deux ou trois petites boutiques en plein vent, abritées par une simple toile et présentant aux acheteurs le luxe des bazars à cinq ou six sous la pièce. Vous y distinguerez les ingénieuses horloges en bois dont les bergers se servent dans les montagnes ; et les cannes en buis, sortes de béquilles terminées par une forte pointe de fer, dont vos promenades dans des chemins escarpés rendent presque indispensable la facile acquisition.

Parfois un colporteur étale son ambulante librairie sur le petit mur à hauteur d'appui, qui se trouve près de l'établissement thermal, et partage cette place étroite avec son compagnon, dont l'eau de Cologne, les savons parfumés et quelques autres articles de toilette composent tout le magasin.

Enfin, quelquefois une marchande de ces objets de laine tricotée, qui se confectionnent à Bagnères, arrive avec sa petite pacotille, et suspend au grand jour les tabliers aux dessins gracieux, les jolies mitaines et les écharpes aux vives couleurs.

Voilà tout : mais estimez-vous heureux encore de rencontrer cette apparence de marché, car le village en lui-même, sans ce secours étranger, ne vous eût offert que peu de ressources. Depuis cette année cependant, un épicier est venu se fixer aux Eaux-Bonnes, et fournit, en les payant un peu chers, tous les objets que l'on trouve dans un magasin assez bien assorti. Auparavant, dans ce lieu où se trouvent réunis jusqu'à douze ou quinze cents étrangers, on ne pouvait se procurer ni une once de tabac à priser, ni le plus misérable cigarre. Malheur à vous encore si, prêt à faire une course dans les montagnes, votre cheval se trouvait déferré, il ne fallait aller à rien moins qu'une grande lieue pour trouver l'indispensable maréchal qui vous renvoyait à la chute du jour la bête que vous vouliez monter avant le déjeuner.

Quoi qu'il en soit, si l'on compare ce qui existe maintenant avec ce qui était il y a quelques années seulement, on doit espérer que dans un an ou deux il restera peu de choses à désirer, tant est rapide le progrès dans l'amélioration. Déjà les Eaux-Bonnes possèdent, ce qui est rare dans bien des villes, une excellente pharmacie tenue par M. Cazaux, qu'une similitude de goût pour la botanique m'a procuré l'avantage de connaître et d'apprécier. Enfin, cordonniers, tailleurs, barbiers y exercent leur industrie pendant toute la belle saison; et pour terminer par un éloge, qu'il faut partager entre les blanchisseuses et l'eau du gave, je citerai le blanc éblouissant et le repassage parfait du linge, que l'on ne rencontre semblable dans aucune autre localité.

Le service de la poste aux lettres se fait avec régularité : tous les soirs elles sont distribuées avant dix heures; c'est à neuf heures du matin que la boîte se lève et que part le courrier chargé des dépêches.

L'autorité a pris aux Eaux-Bonnes une couleur tout à fait locale. C'est un jeune homme, doux et honnête, revêtu du costume des bergers, qui remplit les fonctions de commissaire de police. C'est lui qui reçoit les passeports des voyageurs, et qui serait probablement chargé de rétablir l'ordre, s'il était possible qu'il fût interverti dans ce paisible hameau.

Sources minérales des Eaux-Bonnes.

Maintenant que vous êtes arrivés à Bonnes, rassurés sur les inconvénients d'un séjour au milieu des montagnes, et que vous avez pu choisir votre logement et arranger votre manière de vivre, je dois, avant d'aller plus loin, vous parler du véritable but de votre voyage, et vous faire connaître ces eaux qui doivent vous rendre la santé.

Au haut du village, et à gauche de l'observateur qui en monte la rue, se voit l'établissement thermal. Il est situé au pied d'un rocher calcaire de forme arrondie et conique, dont quelques petits hêtres, de nombreuses graminées et quelques plantes saxatiles ornent les contours. Au sommet de la *Butte du Trésor* (c'est le nom de ce rocher) s'élève un petit kiosque auquel on accède par un sentier sinueux, tracé sur les premiers échelons de la montagne de Pobs, à laquelle s'attache ce cône qui, sans cela, serait inaccessible. C'est, ainsi que le fait observer le docteur Léon Marchand, une sorte d'immense chapiteau destiné, par la nature, à protéger la source bienfaisante qui jaillit de son flanc, et qui ne sort du rocher que pour entrer dans l'établissement thermal.

Cette source, nommée *la Vieille,* est unique, et comme elle n'est pas fort abondante, un robinet habituellement fermé empêche sa perte inutile et permet d'employer pour les bains et la douche, ce qui n'est point consommé par les buveurs. La température de cette eau n'est pas très-élevée, elle ne m'a paru atteindre que le 27e degré de Réaumur. C'est du moins ce que j'ai observé plusieurs fois dans quelques expériences que j'ai répétées avec M. le docteur Marchand. L'odeur de cette eau est légèrement sulfureuse, analogue à celle qui s'exhale des œufs cuits durs, mais n'a rien de repoussant. La saveur en est douceâtre et, si je puis m'exprimer ainsi, en quelque sorte onctueuse. On s'y habitue facilement, je dirai plus, on finit par l'aimer. Sa limpidité est parfaite. Ramassée en grande quantité, elle laisse déposer cette matière particulière à laquelle on a donné le nom de Barégine; on en voit même quelquefois de petits flocons nager dans le verre que l'on place sous le robinet de la buvette. Soumise à l'analyse chimique, elle s'est trouvée contenir des sels à base de magnésie, de chaux et de soude, du soufre et un peu de silice.

Ainsi que je le disais il y a un instant, tout ce que les buveurs ne consomment point de cette eau est recueilli dans un réservoir, et sert à l'entretien de huit baignoires de marbre qui lui enlèvent encore, en vertu de leur propriété très-conductrice du calorique, quelque chose de celui dont elle avait déjà si peu. Aussi est-on obligé de réchauffer cette eau, trop froide pour la plupart des malades. La douche, alimentée de la même manière que les bains, laisse tomber un jet de liquide d'un pouce de diamètre à peu près, et de quatre ou cinq pieds d'élévation.

Un fermier, demeurant dans l'intérieur de l'établissement, administre ces eaux. Le prix n'est point pour lui facultatif; il est fixé par un arrêté de l'autorité administrative, affiché dans l'intérieur de l'établissement. Vingt centimes par jour est la rétribution exigée de ceux qui viennent boire à la fontaine, s'ils ne prennent point de bains, car, dans ce dernier cas, ils ne paient que les bains et peuvent gratuitement fréquenter la buvette. Le prix de ces bains est d'un franc, auquel il faut ajouter vingt centimes pour le chauffage du linge et quelque chose encore pour le baigneur ou les baigneuses.

C'est le médecin inspecteur des eaux qui assigne les heures des bains et l'ordre dans lequel on doit les donner, de manière à ce que les malades ne soient point obligés d'attendre et soient toujours certains du moment où ils pourront se baigner.

Indépendamment de la source qui alimente l'établissement thermal, et dont je viens de parler, les Eaux-Bonnes en possèdent encore deux autres, mais qui, reléguées à l'écart, n'élèvent aucune concurrence avec *la Vieille*, seul objet de l'empressement universel. La première, située à cinq ou six cents pas en montant derrière la chapelle et à gauche, sort, par un jet continu du volume du doigt, de la montagne opposée à la Butte du Trésor. Cette source, dont l'odeur est fortement sulfureuse, est froide et doit à son défaut de thermalité le quasi-abandon dans lequel elle se trouve. Cependant l'accès en est facile ; et elle sort de la montagne à deux pieds environ au-dessus du sol, de manière à être commodément recueillie.

Il n'en est pas de même de la seconde ; celle-ci, qui ne diffère de *la Vieille* que par quelques degrés de moins dans sa température, est tout à fait abandonnée et coule obscurément sous terre, au fond du ravin où sont encaissées les eaux rapides du *Valentin*. Rien n'indique son existence, et il faut que l'on sache d'avance qu'à dix ou quinze pas du gave, et sur sa rive gauche, presque en face du pont qui conduit au village d'Aas, se trouvent quelques grosses pierres qui, roulées à l'ouverture d'un trou étroit et sinueux, protégent la source d'*Ortechg*. Ces pierres enlevées, ce n'est pas sans peine que l'on peut introduire un thermomètre dans l'eau, et en recueillir assez pour constater ses propriétés physi-

3.

ques. C'est probablement à sa situation défavorable et à la profondeur à laquelle coule cette eau, qu'il faut attribuer l'entier oubli dans lequel on la laisse et qu'elle est, certes, loin de mériter.

Ainsi donc, des trois sources minérales sulfureuses des Eaux-Bonnes, une est froide, deux sont thermales, mais la Vieille seule est en usage, celle d'Ortechg étant complétement inabordable dans l'état où elle se trouve actuellement.

Action des Eaux-Bonnes sur l'économie animale.

Il est bon, ce me semble, au commencement des quelques pages consacrées aux propriétés des Eaux-Bonnes, de vous faire observer que ce n'est point un traité que vous allez lire, mais seulement une revue rapide, sans nulle prétention scientifique, et destinée seulement à prévenir des erreurs qui pourraient être dangereuses. C'est dans les ouvrages d'Antoine et de Théophile Bordeu que vous trouverez des détails qui seraient déplacés ici, et des vues aussi neuves qu'élevées sur les eaux minérales et les maladies chroniques.

Je n'ai voulu, dans les observations qui vont suivre, que donner aux malades des règles générales de conduite, leur apprendre quelle est l'énergie du remède qu'ils vont employer, les prévenir qu'il est loin de convenir dans toutes les maladies, leur indiquer de quelle manière ils en doivent faire usage, et quelles sont les précautions à prendre pour en aider l'action. Commençons par jeter un coup d'œil rapide sur la manière dont nos fonctions sont modifiées par l'usage des eaux dont nous voulons connaître les vertus médicinales.

Ce n'est guère qu'après trois ou quatre jours de leur emploi, et même un temps plus long encore, si on n'en use qu'en petite quantité, qu'elles commencent à faire sentir leur influence. Un de leurs premiers effets est celui qu'elles déterminent sur la membrane muqueuse de l'estomac : elles l'excitent légèrement par leur contact direct et lui communiquent une certaine tonicité favorable aux fonctions de ce viscère. On s'aperçoit de cet heureux effet, non-seulement par un appétit plus vif, mais par la facilité avec laquelle la digestion s'accomplit. Les vaisseaux absorbants, répandus dans toute la longueur du tube digestif, doucement stimulés par le liquide minéro-thermal, s'acquittent de leurs fonctions avec plus d'énergie; en s'emparant de toutes les parties nutritives de la masse alimentaire, ils réduisent au plus petit volume possible ce qui ne peut être assimilé, et donnent ainsi l'explication de la rareté des évacuations alvines, effet presque général de l'usage des Eaux-Bonnes.

Mais elles n'exercent pas seulement leur action sur les organes qu'elles touchent directement. Absorbées en partie et portées dans le torrent de la circulation, elles accélèrent le cours du sang et donnent une plus grande intensité et une plus grande fréquence au mouvement des artères. Si elles sont prises en grande quantité, et surtout si la constitution de celui qui en use est délicate, cette accélération de la circulation va jusqu'à produire un mouvement fébrile. Bordeu le regardait comme un effet habituel des Eaux-Bonnes, qu'il prescrivait à des doses beaucoup plus élevées que celles qui sont en usage aujourd'hui. La circulation capillaire se ressent de l'impulsion imprimée par le cœur et les principaux troncs artériels : les plaies et les exutoires deviennent douloureux et saignants, et il est assez ordinaire de voir quelques couleurs apparaître sur des joues depuis longtemps accoutumées à la pâleur.

Il est probable que la respiration, fonction intimement liée à celle dont nous venons de parler, en partage l'excitation; mais j'avoue qu'aucune expérience directe ne m'en a donné la preuve. Il m'eût été d'ailleurs presque impossible de distinguer ce qui est propre aux Eaux-Bonnes, de ce qui dépend de l'action inaccoutumée et puissante de l'air raréfié des montagnes. Enfin, la respiration, étant en partie soumise à l'empire de la volonté, se trouve notablement modifiée par l'attention même dont elle devient l'objet.

Un des phénomènes qui m'ont paru les plus constants, pendant l'usage des eaux, est l'agitation du sommeil. Il est habituellement, et surtout pendant les premières semaines, léger, interrompu et sujet à des rêves plus ou moins fatigants. A cette preuve de l'action des eaux sur le système nerveux, se joint une sorte d'agacement général, de susceptibilité physique et morale, qui est d'autant plus prononcée que le sujet en observation est d'une constitution où ce système domine davantage. C'est probablement à une conséquence de cette excitation nerveuse qu'il faut rapporter celle dont le système musculaire paraît être le siége et qui fait des fréquentes promenades et du mouvement un véritable besoin.

Mais ce qu'il nous importe surtout d'étudier, c'est l'action des Eaux-Bonnes sur les appareils sécréteurs. Dans l'impossibilité d'apprécier quelles modifications éprouvent les glandes dont l'action échappe à notre observation, nous nous bornerons à constater les changements qui surviennent dans les sécrétions dont il est facile de connaître le produit.

Parmi celles-ci, l'exhalation bronchique doit être placée en première ligne, une expectoration plus abondante étant un des effets qui se font remarquer le plus promptement. J'ai observé ce phénomène chez un grand nombre de malades, mais chez aucun je ne l'ai vu aussi prononcé que chez moi. Tourmenté depuis plusieurs mois par une sécheresse et une aridité de l'arrière-bouche, de la gorge et des bronches, qui rendait toute expectoration impossible et qui allait même jusqu'à rendre-

la déglutition pénible, j'ai vu, en moins de huit jours de l'usage des Eaux-Bonnes, succéder à cet état une sécrétion de mucus abondante d'abord, et suffisante ensuite pour faire disparaître tout à fait cet incommode symptôme. C'est à cette influence bien constatée sur l'exhalation de la muqueuse pulmonaire qu'il faut attribuer les noms de béchiques et d'expectorantes, que Bordeu donnait aux Eaux-Bonnes.

La sécrétion cutanée dont le produit prend les noms divers de transpiration insensible ou de sueur, selon qu'il échappe à nos regards, ou qu'il est sécrété en assez grande quantité pour s'amasser à la surface de la peau, sous forme de gouttelettes, est, avec la sécrétion bronchiale, celle qui est le plus puissamment excitée par l'action des Eaux-Bonnes. Ordinairement c'est l'une ou l'autre de ces fonctions qui devient une voie d'élimination, mais il n'est pas rare de les voir concourir toutes les deux au même but simultanément. C'est donc à juste titre que ces eaux jouissent de la réputation d'être sudorifiques.

Il est presque inutile de dire que les reins partagent le mouvement général d'élaboration imprimé à tous les organes, puisque leurs fonctions spéciales les mettent en quelque sorte en rapport intime avec le liquide dont nous étudions les effets. Néanmoins le produit de leur sécrétion n'est sensiblement augmenté que dans les cas où celui de l'exhalation cutanée n'est pas très-abondant.

En vertu de leur propriété stimulante, les Eaux-Bonnes augmentent et régularisent, dans beaucoup de cas, certaine sécrétion périodique sur laquelle je m'arrêterais davantage si cet opuscule était purement médical. La même considération me fera passer légèrement sur l'énergie qu'elles impriment à quelques organes et qui pourrait, à juste titre, valoir aux Eaux-Bonnes la réputation dont les Eaux-Chaudes, leurs voisines, sont depuis longtemps en possession.

Enfin, en raison même de l'activité de tous les organes sécréteurs, et malgré l'appétit plus vif, le meilleur état des digestions et l'assimilation plus parfaite, la nutrition ne peut suffire à réparer les pertes qui ont lieu, et un léger amaigrissement est un effet habituel qui se fait remarquer à la fin de la saison des eaux.

Ne vous paraît-il pas évident maintenant, d'après ce rapide examen, que les Eaux-Bonnes, loin d'être douces comme elles en ont la réputation, sont évidemment excitantes et même à un assez haut degré? On a été d'autant plus facilement induit en erreur à cet égard, que les expressions d'onctueuses et autres, dont se sert Bordeu quand il en parle, se trouvaient parfaitement en rapport avec leurs qualités physiques que nous avons vues n'avoir rien de bien tranché, et avec l'analyse chimique qui n'y démontre qu'une faible proportion de principes actifs. Mais cette manière de raisonner, qui serait peut-être bonne pour une eau minérale artificielle, ne peut être appliquée aux eaux minéro-thermales naturelles, qui agissent moins en raison de la quantité de tel ou tel principe, que par le mode de combinaison dans lequel les diverses parties constituantes se trouvent entre elles, mode de combinaison qui ne peut être qu'imparfaitement imité, et qui fait des eaux minéro-thermales naturelles un médicament spécial dont on n'aurait pu juger de tous les effets d'après l'analyse, et dont l'expérience seule a fait connaître la valeur.

Voici, au reste, les résultats de l'analyse chimique de l'eau de Bonnes, d'après M. Poumier.

20 litres ont donné, outre le gaz acide hydrosulfurique :

	gros.	grains.
Hydrochlorate de magnésie. .	»	19
— de soude. . . .	»	27
Sulfate de magnésie	1	6
— de chaux	1	57
Carbonate de chaux.	»	41½
Soufre	»	4
Silice.	»	4½
Perte.	»	5
Total.	4	20

Maladies dans lesquelles les Eaux-Bonnes conviennent, et celles que leur usage aggraverait.

L'impossibilité de conduire près des sources minérales les malades atteints d'affections aiguës, la facilité avec laquelle les Eaux-Bonnes perdent leurs vertus lorsqu'on les transporte au loin, et ce que nous savons déjà de leur propriété excitante, nous explique pourquoi elles ne sont presque jamais employées que dans les maladies chroniques. C'est donc uniquement de celles-ci que nous devons nous occuper; et comme, parmi elles, celles qui ont leur siége dans les organes de la respiration passent pour être particulièrement guéries aux Eaux-Bonnes, nous nous en occuperons d'abord.

Sans prétendre donner ici aucunes notions sur la nature et le siége des affections chroniques de la poitrine, je dirai seulement, car cette distinction est utile à l'intelligence de mon sujet, que, parmi ces maladies, les unes, comme le catarrhe pulmonaire, affectent seulement la membrane muqueuse qui tapisse les voies aériennes et ne s'étendent point au tissu du poumon; que d'autres ont leur siége dans le parenchyme même de l'organe; et qu'enfin il en est qui semblent atteindre tous les tissus constitutifs de ce viscère.

Les premières guérissent presque toujours aux Eaux-Bonnes, depuis le rhume qu'elles enlèvent en quelques jours, jusqu'à ces affections catarrhales fort anciennes dont la sécrétion muqueuse a perdu la plupart de ses caractères normaux, pour en prendre d'une nature fort suspecte. L'abondance des matières expectorées, et la maigreur qui en est quelquefois le résultat, ne sont point des obstacles à la guérison. Les Eaux-Bonnes agissent alors de diverses manières : tantôt, quand on les emploie à hautes doses, en faisant passer la maladie de l'état chronique à l'état aigu ; tantôt en produisant des sueurs abondantes qui attirent les humeurs vers la peau, et débarrassent la membrane muqueuse; et plus fréquemment enfin en ramenant doucement et peu à peu les propriétés vitales de cette membrane à leur état normal, en changeant la manière d'être habituelle, et en modifiant ainsi avantageusement la nature de son produit.

La seconde espèce de maladies de poitrine, celles qui s'attaquent au tissu même de l'organe et qui constituent la pneumonie chronique et la phthisie pulmonaire, guérissent encore assez souvent si on leur oppose l'action des eaux thermales avant qu'elles n'aient produit une véritable altération organique. Dans ce cas, plus difficile que celui du catarrhe pulmonaire, les eaux guérissent, quelquefois en détruisant la cause éloignée de la maladie, comme une diathèse scrofuleuse, la suppression d'une hémorrhagie habituelle, etc.; quelquefois en étendant sur toute la muqueuse pulmonaire et sur toute la surface de la peau l'irritation qui s'était concentrée sur un point du poumon. C'est une action tout à la fois de révulsion et d'élimination qui ne fait cesser la fluxion morbide, dont tel point du poumon était le siége, qu'en l'étendant sur une immense surface pouvant facilement se débarrasser au dehors du produit de sa sécrétion.

L'existence de quelques tubercules dans leur période de développement, et lorsqu'ils ne sont encore le siége d'aucun travail de ramollissement, peut, quoique en rendant la cure plus difficile, ne pas la mettre cependant au-dessus du pouvoir curatif des Eaux-Bonnes : non qu'elles agissent sur les tubercules eux-mêmes qui, une fois développés, ne sont plus susceptibles de résolution, mais elles modifient fort avantageusement le tissu pulmonaire qui les avoisine ; elles le désobstruent en quelque sorte, en le rendant de nouveau perméable à l'air et propre à la respiration. On s'aperçoit de cet effet non-seulement à la diminution de l'oppression, mais encore à la sonorité de la poitrine qui remplace la matité souvent fort sensible avant l'action des eaux. Quant aux tubercules, placés au milieu d'un tissu qui n'est plus dans les conditions favorables à leur développement, ils restent stationnaires et peuvent exister ainsi pendant longues années, sans gêner notablement l'exercice du poumon, et comme simples corps étrangers avec lesquels le tissu de l'organe s'est accoutumé. Souvent même ils diminuent de volume en se durcissant, et se transforment en une masse crétacée presque inorganique.

Mais autant il y a de chances favorables pour arrêter la marche de la phthisie tuberculeuse, si on l'attaque dès son début par les Eaux-Bonnes, autant elles lui seraient préjudiciables à une époque assez avancée de cette maladie pour que les tubercules, déjà ramollis, déterminassent une réaction générale accompagnée d'un mouvement fébrile continu. Les eaux thermales alors, loin de la retarder, hâteraient la terminaison fatale; et c'est malheureusement ce qu'on observe tous les jours aux Eaux-Bonnes, où l'on voit des malades arriver ayant déjà de vastes cavernes dans le poumon. Ce n'est pas qu'il faille regarder ces cas graves comme au-dessus des ressources de l'art et des heureux efforts de la nature. Tous les médecins observateurs peuvent citer des exemples de cavernes pulmonaires entièrement cicatrisées et guéries ; et l'ouvrage remarquable de Laennec est riche en faits de ce genre. On a vu même quelquefois des malades atteints de cette affection guérir pendant leur séjour aux Eaux-Bonnes, ou après en être revenus ; mais il est plus que probable qu'ils eussent également guéri sans avoir fait usage de ce remède énergique : et pour quelques-uns qui ont recouvré la santé malgré lui, il en est un bien plus grand nombre chez lesquels son action a été funeste. Il est donc toujours imprudent et souvent dangereux de prescrire les Eaux-Bonnes aux malades arrivés à ce point. Les fatigues du voyage, la moins grande densité de l'air des montagnes suffiraient seules pour aggraver les accidents, lors même que les eaux thermales sulfureuses ne hâteraient pas l'issue funeste de la maladie.

Il est une affection de l'appareil respiratoire dans laquelle les Eaux-Bonnes jouissent d'une réputation grande et tout à fait spéciale, c'est la laryngite chronique. Cette maladie, qui semble devenir très-commune et qui attire un grand nombre d'étrangers dans la vallée d'Ossau, mérite ques nous établissions quelques distinctions relativement aux causes qui la produisent et à ses chances de curabilité.

Dans certains cas, elle naît sous l'influence d'une cause qui agit plus ou moins sur toute la constitution du malade; telle est une affection dartreuse ou rhumatismale.—Bordeu l'a vue se développer sous la dépendance d'une disposition saburrale de l'estomac.—Dans ces circonstances, elle peut être longue et tenace; mais elle ne produit jamais d'altérations organiques graves du larynx.

Quelquefois elle n'est que le symptôme d'une maladie syphilitique latente, ou le résultat d'une diathèse scrofuleuse, et dans ces deux cas elle peut déterminer des ulcères de la membrane muqueuse et la carie des cartilages; on la nomme alors phthisie laryngée simple ou syphilitique.

Enfin, elle est assez fréquemment liée d'une manière intime à la phthisie tuberculeuse dont elle n'est, en quelque sorte, qu'une grave complication.

Ces diverses espèces ou variétés que

nous venons d'énumérer rentrent, pour les probabilités de guérison par les Eaux-Bonnes, dans la catégorie des maladies auxquelles elles se rattachent et dont elles suivent les chances plus ou moins favorables, ainsi que nous aurons occasion de le voir incessamment.

La constitution du sujet, la nature de ses maladies antérieures, le mode d'invasion, etc., aideront beaucoup à rendre moins difficile la distinction de ces divers cas que j'ai dû seulement signaler pour établir dans quelles circonstances on doit compter presque certainement sur le bon effet des eaux, et dans quelles autres on devrait concevoir moins d'espérances.

Il est certains autres états maladifs de la poitrine, dont les principaux symptômes sont la toux, l'oppression, l'expectoration abondante, et qui, bien que semblant appartenir au poumon, tiennent pourtant à une lésion organique du cœur ou des gros vaisseaux. Ces maladies, bien loin de réclamer l'usage des Eaux-Bonnes, sont constamment aggravées par leur emploi.

Vous voyez donc que, lorsque l'on est

atteint d'une affection de la poitrine, si l'on ne veut s'exposer à être entièrement trompé dans son attente, il faut, avant d'entreprendre un voyage souvent long, pénible et dispendieux, qu'un médecin instruit s'assure, par un mûr examen, du siége, de la cause et du degré de la maladie. C'est pour avoir négligé ces précautions que tant d'infortunés malades de la classe qui nous occupe maintenant ne reviennent jamais des eaux, où l'on n'eût jamais dû les envoyer.

Ce que je viens de dire de ces affections insidieuses, qui semblent appartenir aux poumons et qui tiennent cependant à une lésion du cœur ou des gros vaisseaux, me conduit naturellement à vous parler des maladies de ces organes.

En général elles sont aggravées par les eaux thermales sulfureuses. Il n'est pas nécessaire d'être médecin pour comprendre cette vérité, dès que l'on connaît le mode d'action de ce médicament. Ainsi l'on devra s'en abstenir entièrement dans toute affection anévrismatique, quel qu'en soit le degré; elles lui donneraient, en peu de temps, un grand développement. La même prohibition s'étendra à tous les cas d'hémorrhagies actives, et surtout à celles qui compliquent souvent les affections de poitrine, et que l'on nomme hémoptysies ou crachements de sang. Il faudra donc suspendre l'usage des Eaux-Bonnes, si ce symptôme vient à se manifester pendant la durée du traitement; car l'oubli de ce précepte pourrait entraîner à sa suite les plus graves accidents. Les personnes même simplement pléthoriques devront s'abstenir de l'usage de ces eaux, si elles n'ont préalablement pris quelques-unes des précautions dont j'aurai bientôt occasion de parler. Celles qui ont une disposition à l'apoplexie, ou qui en ont déjà éprouvé quelques attaques, sont, à plus forte raison, dans le même cas. Enfin, il n'est pas jusqu'aux dispositions variqueuses qui n'en doivent proscrire l'usage. Les fluxions hémorroïdales surtout sont fortement influencées par les Eaux-Bonnes, qui les favorisent éminemment : elles seraient d'un puissant secours s'il devenait nécessaire de faire reparaître le flux hémorroïdal à la suite d'accidents déterminés par sa suppression.

Elles sont positivement indiquées dans cette maladie, dont sont atteintes quelques jeunes filles, et qui tire son nom de son principal symptôme, la pâleur répandue sur toute la figure; c'est la chlorose ou pâles couleurs. Cette affection, dans laquelle le système sanguin semble frappé d'une sorte d'atonie, sera heureusement combattue par les Eaux-Bonnes. Je ne doute pas que leur action puissante sur toute l'économie, et celle qu'elles exercent en particulier sur l'organe dont les fonctions périodiques ne sont point encore établies, ou s'exécutent mal, n'amènent, en peu de temps, les plus heureux résultats. Les Eaux-Bonnes ici, comme dans les affections de poitrine, sont préférables à toutes les autres sources thermales sulfureuses; car, en vertu de leur température peu élevée, elles n'impriment qu'une excitation modérée et parfaitement en rapport avec les organes délicats des malades qui ne pourraient supporter l'action trop énergique d'une plus haute thermalité.

Si les maladies de l'appareil circulatoire n'exigent que rarement l'usage des Eaux-Bonnes, ainsi qu'on vient de le voir, il n'en est pas de même des affections chroniques dont l'estomac et les intestins sont le siége; et je m'étonne qu'on n'y ait pas recours plus souvent.

Quel est le riche habitant des villes qui ne connaît, par exemple, ce manque d'appétit, ce dégoût qui, sans être lié à aucune inflammation gastrique, semble venir du défaut d'action de cet organe? Qui ne connaît aussi cette paresse de l'estomac, cette lenteur des digestions qui prolonge pendant des journées entières une fonction que quelques heures doivent voir commencer et finir? Eh bien! dans ces cas, l'usage des Eaux-Bonnes est peut-être le moyen le plus efficace pour rendre à la membrane muqueuse digestive la tonicité dont elle semble privée, et rétablir l'appétit et les digestions, en imprimant une activité nouvelle, non-seulement à ces organes, mais à tout l'ensemble des fonctions. Je ne suis même pas éloigné de croire qu'il est quelques vieilles irritations, quelques subinflammations de l'appareil digestif qui seraient heureusement modifiées par le même moyen ; il agirait en changeant le mode de vitalité, la manière d'être de la muqueuse intestinale. Ce qui est certain et positif, c'est que j'ai vu des diarrhées anciennes et rebelles céder peu à peu, et tout à fait enfin, à l'usage sagement gradué des Eaux-Bonnes. Pourquoi aussi d'anciens ulcères intestinaux, dépourvus de toute sensibilité et dont l'existence n'est prouvée que par la trace qu'ils impriment sur la matière des évacuations alvines, ne seraient-ils pas ravivés et conduits à une véritable cicatrisation ? Leur siége ne permet-il pas, presque toujours, de les mettre en contact direct avec les Eaux-Bonnes, qui les guériraient comme elles guérissent les ulcères fistuleux à la suite de douches et d'injections ?

Les maladies du foie, autrefois connues sous le nom d'obstructions, et qui, indépendamment de l'augmentation de volume de cet organe, de sa plus grande sensibilité au toucher, de la teinte jaune de la peau, se caractérisent encore par les troubles qu'elles apportent dans la digestion, par la décoloration des fèces, etc., ces maladies réclament l'usage des Eaux-Bonnes, qui, données en douches et en boisson, les guérissent presque toujours. C'est ainsi, dit Antoine Bordeu, que Marie de Béarn fut guérie d'un ictère noir dont elle souffrait depuis longtemps.

Les Eaux-Bonnes soulagent aussi fréquemment et guérissent quelquefois les malades atteints d'affections chroniques des reins, calculeuses ou autres; non que ces eaux jouissent, comme celles de Vichy, de la propriété d'agir d'une manière chimique sur certains graviers en les dissolvant, mais parce qu'en *mondifiant* les reins, comme disent les vieux auteurs, elles s'opposent à la formation des graviers. Elles hâtent aussi et favorisent l'expulsion de ceux qui existent déjà, et qui, sans le secours des Eaux-Bonnes, eussent pu séjourner plus longtemps et prendre un plus grand développement.

Les catarrhes de la vessie, ce que les anciens nommaient les flux muqueux, guérissent fort bien ici. Les eaux doivent, dans ces cas, être données en boisson et injectées dans la vessie, pures ou étendues d'un véhicule plus ou moins mucilagineux.

Elles favorisent la menstruation, nonseulement en vertu de la propriété qu'elles ont d'activer la circulation, mais aussi en dissipant les fluxions chroniques dont l'existence, dans une autre partie du corps, est souvent la cause de la suppression des menstrues.

L'usage de ces eaux est généralement suivi des plus heureux résultats dans le traitement de la leucorrhée, cette maladie si commune et si difficile à guérir. C'est quelquefois en détruisant la cause éloignée qui entretenait l'affection chronique, et quelquefois aussi en la faisant passer momentanément à l'état aigu, qu'elles en procurent la guérison.

Les maladies nombreuses et variées qui portent le nom d'affections nerveuses, et dont la véritable nature est si souvent inconnue et le siége encore si mal déterminé, ne doivent pas être traitées par les Eaux-Bonnes lorsqu'elles sont idiopathiques. Ces affections ont plutôt besoin du repos et du calme de toute l'économie que de son excitation ; et, depuis longtemps, les eaux tièdes et onctueuses de Saint-Sauveur sont en possession de les guérir. L'appréciation de la cause productrice de ces maladies est donc de la plus grande importance, celles qui sont essentiellement nerveuses étant constamment augmentées par les Eaux-Bonnes ; tandis que lorsque ces affections sont purement symptomatiques d'une autre maladie, elles guérissent fréquemment par l'usage de ces eaux. Bordeu a vu une foule d'affections hypocondriaques guérir en peu de temps quand les malades, finissant par ressentir de grandes chaleurs d'entrailles, persévéraient dans l'usage des eaux. Ainsi changées de chroniques en aiguës elles disparaissent, en confirmant cet aphorisme d'Hippocrate : que la fièvre fait cesser le spasme. Dans d'autres circonstances, c'était en provoquant des évacuations intestinales critiques qu'elles ont fait cesser des migraines rebelles jusqu'alors ; et quelquefois elles ont guéri pour toujours des palpitations, dites nerveuses, en déterminant l'apparition des règles. Il n'est pas jusqu'à certaines paralysies et quelques cas d'épilepsie que le célèbre médecin d'Iseste n'ait attaqués avantageusement par les Eaux-Bonnes, lorsqu'il les croyait sous la dépendance d'une affection de l'estomac. Mais ces hardies tentatives, couronnées de succès dans les mains de Bordeu, ne doivent pas servir de règles ordinaires aux médecins, les deux maladies que nous venons de nommer étant presque toujours aggravées par l'emploi des eaux minérales sulfureuses.

Il est également peu d'affections du système musculaire pour lesquelles on doive s'adresser aux Eaux-Bonnes; non parce qu'elles manquent des vertus convenables pour amener, par exemple, une révulsion favorable à la peau par les sueurs, dans un cas de rhumatisme, mais parce que les Pyrénées renferment Cauterets et Barèges, bien autrement puissants sous ce rapport. C'est la même considération qui m'engage à ne dire rien des propriétés dont les Eaux-Bonnes peuvent être douées pour combattre les affections de la peau : ces maladies seront en effet bien plus efficacement traitées dans les localités thermales que je viens de citer.

Les affections scrofuleuses sont loin d'être dans ce cas. Les malades qui en sont atteints fréquentent avec le plus grand succès les Eaux-Bonnes, où ils trouvent toujours du soulagement et souvent leur entière guérison. Je ne connais aucune préparation pharmaceutique qui puisse rivaliser avec elles pour imprimer à toute l'économie une plus puissante modification, et enlever au système lymphatique l'excès de vitalité dont il est doué, en le répartissant plus également sur tous les organes dont elles stimulent l'action. Si je ne connaissais l'idée fausse qu'on se fait habituellement de ces eaux, qu'on regarde uniquement comme pectorales et adoucissantes, je ne m'expliquerais par pourquoi on n'y conduit point plus souvent ces enfants à fibres molles, à chairs blanches, dont toutes les glandes lymphatiques sont tuméfiées, et qu'on traite avec si peu de succès, et à l'aide d'un temps si long, au sein des grandes villes, ou même dans la plupart des campagnes où on les envoie habituellement. Ce sont de puissants auxiliaires que l'air vif et pur des montagnes, le changement de toutes les habitudes, l'exercice obligé à pied ou à cheval, les plaisirs simples et variés des Pyrénées! Quel regret de ne pouvoir soumettre à ces bienfaisantes influences et à l'action des Eaux-Bonnes ces pauvres enfants attaqués de la maladie connue de tout le monde sous le nom de carreau; ou ceux dont la boufissure œdémateuse et leucophlegmatique frappe péniblement les yeux dans tous les quartiers bas et humides des cités populeuses et manufacturières!

Les Eaux-Bonnes sont fréquemment employées avec succès pour amener à guérison les caries, les anciens ulcères à bords calleux, et surtout ces fistules sinueuses, souvent entretenues par la présence d'un corps étranger dont on ne présume pas toujours l'existence, et qu'elles parviennent à chasser au dehors. Qui ne connaît le succès dont elles furent couronnées sur les soldats de Henri d'Albret blessés à la bataille de Pavie, et d'où leur vient le nom d'*eaux d'arquebusade* qu'elles conservent encore et qu'elles continuent de mériter?

Enfin, et pour terminer cette rapide revue de nos misères physiques, je dirai que les affections cancéreuses, le scorbut et la syphilis, ne peuvent s'accommoder des vertus excitantes des Eaux-Bonnes, qui les exaspèrent. Peut-être cependant cette dernière affection, dont la marche est souvent cachée, serait-elle amenée à faire connaître sa véritable nature par l'usage des eaux sulfureuses, qui rendraient encore ainsi un immense service en arrachant le masque à l'insidieux ennemi.

Doses et mode d'administration des Eaux-Bonnes.

De tout ce que nous avons dit jusqu'ici sur les Eaux-Bonnes, il résulte qu'il faut être en garde contre la puissance de leur action ; car, prises sans précautions et à une dose trop élevée, elles ont souvent amené les plus graves accidents. Il n'est donc pas inutile de donner quelques règles relatives à leur mode d'administration.

La première que nous croyons devoir indiquer est de n'en commencer l'usage qu'après vous être entièrement remis des fatigues du voyage par un repos de quelques jours. Le corps est mal disposé à recevoir l'influence des eaux quand tous nos organes sont encore dans cette agitation qui suit un long trajet; et d'ailleurs ce temps d'expectation les accoutumera à l'impression nouvelle pour eux de tout ce qui les entoure. Si la fatigue du voyage a été grande, un ou deux bains seront même très-avantageux pour détendre vos membres endoloris et disposer la peau au travail d'élimination dont elle va être le siége.

Après ce repos indispensable vous commencerez l'usage intérieur des Eaux-Bonnes, mais d'abord prises en très petite quantité. Ne partagez pas la tendance générale de presque tous les malades qui ne peuvent croire qu'un quart ou un demi-verre de cette eau, si douce en apparence, soit une quantité suffisante pour un jour, et qui, dès le début, veulent commencer par trois ou quatre verres; opinion qui se trouve confirmée par tout ce qu'on a écrit à cet égard. Il est en effet très-remarquable que du temps de Bordeu on en prenait des doses véritablement effrayantes : ce médecin célèbre en prescrivait souvent cinq ou six livres en trois prises; il les donnait indistinctement le matin ou le soir, avant ou pendant le repas. Presque tous ceux qui ont écrit sur les eaux minérales ont copié ce qu'avait dit Bordeu ; de sorte que l'on trouve partout l'indication de doses aussi exagérées. Or je ne crains pas d'affirmer que, prises ainsi, les Eaux-Bonnes deviendraient promptement funestes à plus des trois quarts des malades qui viennent leur demander la santé. Cette différence de résultats, à des époques qui ne sont pas encore très-éloignées, ne me paraît tenir à aucun changement dans la nature des eaux minérales, mais bien à ce que ce ne sont plus les mêmes maladies qu'on y traite. Autrefois on y rencontrait toutes les affections chroniques, tandis qu'aujourd'hui, grâce à la réputation dont elles jouissent pour la cure des maladies de poitrine, on n'y voit guère que ce genre d'affections. Ce sont toujours des constitutions délicates, susceptibles, appauvries et dont le système nerveux est habituellement surexcité; ce sont des poitrines irritées et enflammées à tous les degrés de l'état chronique. L'attrait du plaisir n'y attire pas uniquement, comme à Bagnères de Bigorre; et rarement y vient-on, comme à Cauterets ou à Barèges, pour des affections qui n'ont pas produit un trouble général dans toute la santé. Dans ces circonstances, on ne peut commencer par de trop petites doses; et l'on ne peut prendre trop de précautions pour passer successivement à des doses plus élevées. Je suis persuadé que dans ces cas la pratique de Bordeu se rapprochait de la nôtre; car il fait observer, dans ses Lettres à madame de Sorbério, que dans la pulmonie il faut prendre les eaux *longtemps et à petites doses.*

Rarement commence-t-on l'usage des Eaux-Bonnes par les prendre pures : c'est ordinairement étendues d'un tiers ou d'un quart d'eau d'orge ou de gruau, et principalement de lait, qu'on en use dans le début. Il est indispensable que ces liquides soient échauffés à la température de l'eau thermale : car froids, ils en diminueraient les propriétés en la rendant moins diffusible; et trop chauds, ils en désuniraient les principes constituants en faisant volatiliser une partie de l'élément sulfureux. Du reste, cet usage est si généralement suivi que l'on trouve pendant toute la matinée du lait chaud dans tous les hôtels. Il serait à désirer qu'aux Eaux-Bonnes, comme à La Rallière, on trouvât ce lait près de la buvette. Cette petite industrie ferait vivre la personne qui s'en occuperait, et elle éviterait aux buveurs une foule de petits inconvénients. Quoi qu'il en soit, c'est donc ainsi mitigées et à la dose d'un quart ou d'un demi-verre que les eaux sont prises les premiers jours. On augmente ensuite graduellement, et l'on arrive à trois, quatre ou cinq verres. Cette dernière quantité me paraît être la plus élevée à laquelle la grande majorité des malades puisse atteindre, et beaucoup d'entre eux même ne pourront aller jusque-là. Ce n'est pas qu'on ne voie encore à chaque saison quelque intrépide buveur faire impunément des tours de force de ce genre; et j'avais le plaisir de rencontrer l'an dernier, tous les jours à la buvette, un gros monsieur, d'une cinquantaine d'années, qui semblait y avoir élu domicile. Armé d'un énorme gobelet, sa figure naturellement rebondie s'épanouissait avec une sorte d'orgueil, lorsqu'après avoir vidé le gobelet et repris haleine, il disait avec emphase — « Voilà pourtant mon quatorzième verre de ce matin, et j'espère bien encore en prendre trois cet après-midi; vous voyez que je n'en meurs pas et que l'on a bien tort de craindre cette eau. » — Puis il s'esquivait momentanément pour aller obéir aux exigences de tout ce liquide qui n'avait, certes, pas le temps de s'échapper par l'insensible transpiration. Mais qu'est cet exemple, mon Dieu ! comparativement à ce que rapporte Ramond à l'occasion de M. de Thou qui, en 1582, en buvait chaque fois vingt-cinq verres, plutôt par plaisir que par nécessité, tandis qu'un jeune Allemand de sa suite en buvait tous les cinq jours *cinquante verres en une heure !!*

De pareilles exceptions ne prouvent rien que l'énorme amplitude de l'estomac de ces buveurs et leur vigoureuse constitution; mais elles ne doivent pas engager les personnes sages à tenter de si dangereuses expériences. Je suis persuadé que trois verres par jours, continués pendant un certain temps, produiront de bien meilleurs effets qu'on n'en obtiendrait par une plus grande quantité. A cette dose, les organes ne sont point fatigués; leurs fonctions continuent leur exercice normal, et la modification imprimée à toute l'économie par l'eau minérale est d'autant plus avantageuse qu'elle est venue graduellement et qu'elle a été maintenue dans de justes bornes.

Il est assez rare qu'on puisse arriver jusqu'à la fin d'une saison, même en ne prenant les eaux qu'à cette dose, sans être obligé d'en interrompre l'usage pendant quelques jours, soit en cessant tout à fait de boire pendant ce temps, soit en diminuant seulement la quantité accoutumée. On est averti de cette nécessité par une foule d'accidents qui varient chez chaque individu, mais dont les principaux sont de l'agitation, de l'insomnie et un surcroît de douleurs dans l'organe dont on veut combattre la maladie. Quelques bains sont ordinairement prescrits dans ce cas et contribuent merveilleusement à rétablir le calme nécessaire.

Beaucoup de buveurs finissent par prendre pure l'eau qu'ils ont d'abord coupée avec le lait; mais il en est quelques-uns qui sont toujours obligés de la modifier ainsi. Pour moi, je n'ai jamais pu la prendre seule sans qu'elle ne déterminât une légère douleur de tête et un certain trouble dans les idées qui avait un peu d'analogie avec l'effet produit par quelques verres de vin de Champagne. On laisse habituellement une demi-heure ou trois quarts d'heure entre chaque verre, et ce temps est employé à une petite promenade qui facilite la digestion de l'eau minérale. C'est aussi, en général, avant le déjeuner que l'on prend presque toute l'eau qui doit être bue dans le jour : on n'en réserve guère qu'un verre pour l'après-midi, une heure avant le dîner. Quelques personnes cependantprennent ce dernier verre le soir avant de se mettre au lit. Il faut se hâter d'avaler l'eau aussitôt qu'elle est dans le verre, et ne pas la boire à petites gorgées : moins elle restera exposée au grand air, mieux cela vaudra ; car une partie de ses principes est très-fugace et se décompose avec une grande promptitude.

C'est une des raisons qui font qu'aux Eaux-Bonnes on boit beaucoup, et que l'on se baigne peu. Aussi, jusqu'à présent ne vous ai-je parlé des bains que comme moyen accessoire du traitement. Il est cependant des malades qui sont obligés d'en prendre un assez grand nombre, sans quoi ils ne pourraient supporter les eaux à l'intérieur, tandis qu'à l'aide des bains ils préviennent une réaction trop vive, une trop forte irritation. Les bains considérés ainsi sont plutôt un correctif des eaux, qu'un auxiliaire actif; et l'on concevrait difficilement comment le même liquide thermal est stimulant en boisson et calmant pris en bain, si l'on ne savait qu'administré de cette dernière façon il est privé de presque tout son principe sulfureux et que d'ailleurs il agit par la détente générale, qu'il amène en vertu de sa température plus basse que celle du corps humain et de la substance onctueuse qu'il charrie avec lui.

Malgré cette restriction apportée aux propriétés des Eaux-Bonnes employées à l'extérieur, les bains n'en sont pas moins suivis avec empressement; et l'on a quelque peine à obtenir une heure commode pour les prendre le matin. Cela tient au petit nombre de baignoires et au grand nombre des malades, puis aussi à ce que les mêmes heures sont enviées par tout le monde, chacun aimant à être libre assez tôt pour jouir dans la journée du charme des promenades au milieu des montagnes.

Je dirai, pour terminer ce qui a rapport aux bains, que les malades frileux recherchent les cabinets les plus rapprochés de la source, l'eau y étant, assure-t-on, d'un ou deux degrés plus chaude que dans les autres. Je dois aussi, pour ne rien oublier, vous dire un mot des demi-bains et des pédiluves, dont l'usage est assez fréquent. Ces derniers surtout, élevés artificiellement à un haut degré de température, sont portés à domicile par les employés de l'établissement, et tendent à diminuer l'irritation momentanée que les eaux thermales déterminent souvent dans l'organe malade, ou préviennent les congestions cérébrales et les simples céphalalgies qui viennent quelquefois contrarier le traitement.

Précautions à prendre pendant l'usage des eaux.

Ce n'est pas assez que d'apporter une grande prudence dans la manière de prendre les eaux ; il faut encore l'étendre à toute votre manière de vivre, afin que dans vos habitudes rien ne vienne contrarier les heureux effets de votre traitement. Pour cela vous vous souviendrez surtout que la surface de la peau est le siége d'un travail très-salutaire, et vous ferez en sorte qu'elle ne soit jamais frappée par de brusques changements de température. L'usage des vêtements de laine sur la peau est très-précieux dans les circonstances où vous vous trouvez, et préviendra les refroidissements auxquels vous seriez fréquemment exposé sans cela. Bonnes est une des localités thermales où les changements brusques sont les plus rares à cause de sa position dans une espèce d'impasse qui ne permet point l'établissement de ces courants d'air froid si vifs et si fréquents aux

Eaux-Chaudes par exemple. Néanmoins l'état du ciel varie beaucoup dans les montagnes ; et pour peu que vous vous éleviez dans vos promenades aux environs du village, vous êtes exposé à être tout à coup enveloppé d'un brouillard qui se forme subitement autour de vous ou que le vent chasse brusquement de quelque gorge de la montagne. Ayez donc la précaution d'être habillé chaudement, et imitez en cela les habitants du pays vêtus de laine l'été comme l'hiver. Les dames surtout, ayant habituellement des vêtements moins épais que les nôtres, doivent toujours porter un châle bien chaud avec elles, afin de pouvoir s'en couvrir dès qu'elles en sentiront le besoin.

Ne passez jamais subitement de la chaleur du lit à l'air frais du matin pour aller boire à l'établissement ; s'il arrive même qu'il pleuve ou qu'il fasse un fort brouillard, restez couché et faites-vous apporter les eaux. On peut, en prenant des précautions, leur faire faire ce petit trajet assez rapidement pour que, renfermées dans une bouteille hermétiquement bouchée, elles ne perdent pas sensiblement de leurs propriétés. Quelque beau que soit le ciel, ne vous tenez pas assis à lire dehors, le matin, entre chacun de vos verres d'eau ; l'atmosphère est rarement assez échauffée alors pour qu'au bout d'un instant vous n'éprouviez pas un petit sentiment de frisson. Il vaut mieux marcher un peu, vous digérerez mieux ; et il s'établira à la peau un peu de moiteur qu'il faut prudemment ménager.

Quelques précautions que vous ayez prises pour vos vêtements ; ne sortez jamais pour faire une longue promenade, si le temps est incertain : indépendamment du risque d'avoir les pieds mouillés, ce qu'il est très-difficile d'empêcher, vous serez toujours obligé de respirer un air froid, chargé d'humidité, et vous vous rappelez que la membrane muqueuse qui tapisse les voies aériennes est, ainsi que la peau, une des surfaces sur lesquelles se passe un travail précieux. Il importe donc beaucoup de ne point faire passer subitement vos poumons d'une température à une autre, et surtout de la chaleur à l'humidité froide. Rien n'est plus funeste, sous ce rapport, que les promenades que l'on fait souvent à une grotte célèbre située près des Eaux-Chaudes, et d'où sort un violent courant de l'air le plus glacial que j'aie jamais respiré. Une imprudence de ce genre m'a occasionné une rechute dont je ne me suis jamais bien remis. J'aurai occasion de revenir sur cette grotte et de dire les précautions qu'elle exige de ceux qui veulent absolument s'y aventurer.

Évitez la fatigue extrême. Autant une promenade qui amène un peu de lassitude peut faire de bien, autant on se trouve mal des suites de ces longues excursions qui épuisent le corps et entravent l'action bienfaisante des eaux, en interrompant l'harmonie des fonctions. Ce sont surtout les longues courses à cheval qui sont funestes pour les poitrines délicates et surtout pour les personnes qui n'ont point l'habitude de l'équitation. J'ai vu un crachement de sang inquiétant atteindre un jeune homme presque guéri, pour avoir fait ainsi une course imprudente aux Eaux-Chaudes. Indépendamment des secousses fortes et répétées que le corps éprouve alors, la respiration devient très-accélérée, la colonne d'air au milieu de laquelle on galope frappe brusquement le fond de la gorge et le poumon, et cette espèce de percussion est funeste aux poitrines irritées.

Il faut dire à ce sujet que les personnes qui jouissent d'une bonne santé, quelque bienveillantes qu'elles soient, font commettre aux malades une foule d'imprudences sans le vouloir. Elles jugent des autres par elles-mêmes, et ne peuvent jamais se persuader combien tel exercice qui leur procure du bien-être peut être funeste aux malades ou aux convalescents. Ceux-là seulement qui ont souffert connaissent toutes les précautions dont on doit s'entourer. Évitez donc, si vous êtes véritablement malade, ces grandes parties de plaisir dans lesquelles, perdu au milieu de beaucoup de monde, vous serez obligé de suivre le mouvement général et de renoncer à votre volonté pour faire celle de la société. Il est rare qu'on n'ait pas à se repentir de s'être ainsi aventuré frêle et souffreteux au milieu de toutes ces personnes à forte constitution.

Ai-je besoin de dire que les Eaux-Bonnes, réunissant surtout des personnes atteintes d'affections de poitrine ou y étant prédisposées, doivent faire exception aux usages des autres établissements thermaux et qu'on y doit, sinon proscrire les bals, ce qui serait soumettre les personnes bien portantes au régime des malades, du moins engager ceux-ci à n'y point paraître? Rien n'est plus funeste aux poitrinaires que ces réunions nocturnes où à l'heure du repos habituel nous forçons nos organes à veiller au milieu d'une atmosphère échauffée par les nombreuses lumières et viciée par la réunion d'un grand nombre de personnes, dans un local toujours relativement trop étroit. Si vous voulez guérir, ne portez pas au sein des montagnes les usages et les habitudes de la ville; veillez le jour et dormez la nuit.

Les neiges permanentes que l'on trouve non loin du village donnent beaucoup de facilité pour la préparation des glaces, dont on use beaucoup ici. Vous vous en abstiendrez si vous tenez à ne point faire de rechutes, et à ne pas perdre en une heure le fruit d'un mois de traitement. Il n'est qu'un bien petit nombre des affections pour lesquelles on vient aux eaux qui permettent l'usage des glaces, en général aussi dangereuses qu'agréables.

Je voudrais bien indiquer à mes lecteurs un écueil plus dangereux que ceux que j'ai signalés jusqu'ici, et contre lequel les jeunes gens malades de la poitrine ont, plus que d'autres, un irrésistible penchant à aller faire naufrage. Les lieux thermaux sont funestes sous ce rapport : la solitude des montagnes rend l'occasion facile; la vue séduisante de l'or aplanit les obstacles : et tel qui n'était venu dans ces lieux que pour rétablir sa santé, s'en retourne plus débile qu'à son arrivée; ne laissant, après lui, que des larmes et d'inutiles regrets.

Salon de réunion, cabinet littéraire, billard.

Les soins que l'on donne à sa santé doivent, avec raison, passer avant toute chose; mais loin d'exiger un isolement absolu, ils demandent à s'allier aux distractions et aux plaisirs bien entendus : autrement l'ennui ne tarderait pas à naître, et vous devez être ingénieux à l'éviter.

Les Eaux-Bonnes n'offrent jamais une réunion aussi nombreuse que celle que l'on rencontre à Cauterets ou à Bagnères; mais en général la société est très-bien composée, et chaque soir les amateurs de jeu trouvent au salon plusieurs tables où l'on est sûr de ne rencontrer jamais ces chevaliers d'industrie qui fréquentent les autres localités thermales. Le jeu est d'ailleurs modéré et l'on se retire d'assez bonne heure. Il n'y a qu'une année encore, les dames n'étaient point dans l'usage de se rendre au salon. Retirées dans leurs appartements, elles formaient plusieurs petits cercles, et l'on comptait presque autant de sociétés qu'il y avait d'hôtels. Chacun trouvait à se caser dans ces réunions partielles, selon qu'il appartenait au négoce, qu'il s'était enrichi dans une étude, ou qu'un titre précédait son nom. La classe nombreuse des hommes qui cultivent les arts et les lettres ou exercent des professions libérales n'était point, du reste, assujettie à toutes ces distinctions, et artistes, avocats, médecins, avaient le privilége de franchir ces petits cordons sanitaires, en faveur desquels on citait bien quelques bonnes raisons, mais qui réussissaient à merveille à isoler les diverses classes de la société. Heureusement les choses ont changé pendant la dernière saison; les dames ont mieux compris leurs intérêts et les nôtres surtout. Les soirées, embellies de leur présence, sont devenues aussi gaies qu'elles étaient tristes et monotones autrefois. On a fait de la musique souvent; on a, sans cérémonie, dansé quelquefois au piano, sans préjudice des bals qui ont été plus fréquents. Lors même que, fatiguées de distractions plus bruyantes, elles se réunissaient pour travailler en commun, on y gagnait encore le charme de leur douce et spirituelle conversation, pendant qu'elles faisaient prendre avec art les formes les plus variées à la gaze et aux papiers coloriés. C'est ainsi qu'elles ont orné de fleurs et de gracieux bouquets les autels des Eaux-Bonnes et de l'église d'Aas, si pauvres et si nus auparavant.

C'est aussi dans ces réunions du soir, et au milieu d'occupations en apparence frivoles, que l'ingénieuse charité des dames organise ces quêtes souvent bien fatigantes pour elles, mais toujours faites avec un zèle admirable. Nous les avons vues, bravant la timidité qui leur est naturelle, et encouragées par l'espoir d'être utiles aux malheureux, aller frapper à chaque porte et vaincre souvent, par leurs instantes sollicitations, le refus qui les avait d'abord accueillies. Combien de familles indigentes ont été ainsi soulagées! et quelle douce récompense que d'avoir rendu à la vie de pauvres et intéressants malades qui n'eussent pu demeurer près des sources salutaires sans les secours qu'ils ont ainsi reçus (1) !

---

(1) On ne se doute guère, au milieu de la richesse qui frappe de tous côtés aux Eaux-Bonnes, jusqu'à quel degré de dénûment peuvent arriver quelques-uns des malheureux que la douleur et les infirmités y conduisent. Pendant la saison de 1836, je fus plusieurs fois témoin d'un spectacle vraiment touchant. Quand l'obscurité du soir et la fraîcheur qui précède et accompagne la nuit avaient peu à peu chassé les promeneurs des diverses allées du jardin anglais, et que le silence et la solitude avaient entièrement remplacé le mouvement et le bruit, on distinguait à travers les broussailles qui croissent au pied de la montagne, de l'autre côté du ruisseau, la flamme pétillante d'un petit feu. Attiré par cette lueur brillante au milieu de l'obscurité, si vos yeux en cherchaient la cause, vous aperceviez, sous une des anfractuosités du roc, un vieillard à cheveux blancs, courbé par la souffrance, encore plus que par les années, traînant avec peine une de ses jambes atteinte d'ulcères anciens et rebelles. Cet homme, réfugié dans cet antre humide et malsain, y demeurait cependant, et préparait le soir la nourriture grossière et peu abondante qui lui aidait à soutenir sa triste existence. Pendant le jour, le pauvre était absent : il allait dans la montagne choisir et couper quelques tiges de buis qu'il façonnait ensuite à l'aide de son couteau. Les buissons cachaient l'entrée de sa demeure, et rien n'annonçait aux riches promeneurs que tant de misère se trouvait si près d'eux. Je me trompe

Le cabinet littéraire de M. Taverne, quoique laissant beaucoup à désirer, offre cependant aux personnes qui veulent lire chez elles trois ou quatre journaux quotidiens, et une petite collection de brochures, de mémoires, et d'ouvrages nouveaux. C'est une ressource précieuse pour un assez grand nombre de malades que leur goût ou leur santé portent à éviter toute espèce de réunion.

Il paraît qu'une salle de billard doit être réservée aux étrangers dans la nouvelle et somptueuse construction qui s'élève à la place de l'ancien et pauvre établissement thermal. Ce sera une heureuse innovation que l'existence de ce billard. Les malades

---

cependant, non loin de là on voyait déposées, au pied d'un érable, quelques cannes de buis, bien informes, et au-dessus d'elles un petit sac de toile avec cette inscription : « Les personnes qui désirent des cannes peuvent en prendre ici ; elles sont priées de donner quelque chose au malheureux qui les leur offre. » Mais les cannes étaient grossièrement faites, leur nombre ne diminuait guère ; et le petit sac, presque toujours vide, prouvait trop le peu de profit que l'indigent retirait de la seule industrie qui fût à sa portée.

pourront ainsi se réunir pendant les journées pluvieuses, et suppléer, par l'exercice que nécessite ce jeu, aux bienfaits de la promenade momentanément interdite. Heureusement, les jours mauvais sont des exceptions ; et il en est bien peu où l'on ne puisse sortir au moins pendant quelques instants. Cela est d'autant plus facile qu'il n'y a, de tous les côtés, qu'un pas à faire pour être dans des sites fort agréables que je vais maintenant essayer de vous faire connaître.

Promenades.

La première promenade est le jardin anglais; situé au centre du village, il est d'une ressource précieuse quand on est obligé de sortir, comme on dit, entre deux ondées, et que d'ailleurs les pluies ont transformé en ruisseaux les sentiers de la montagne. Du milieu de ses frais gazons s'élèvent, à côté des hêtres séculaires, de jeunes tilleuls et d'élégants sorbiers. Partout des bancs commodes, placés sous des berceaux de chèvrefeuille ou ombragés par d'immenses dômes de verdure, invitent les promeneurs au repos. Le petit gave la Sourde, honteux de l'outrage fait à ses eaux si pures et si limpides avant d'arriver à Bonnes, se cache sous les broussailles et ne décèle son passage que par son plaintif murmure. Il est bien peu d'heures de la journée où le soleil ne vienne égayer ce charmant jardin, qui se recommande surtout aux malades trop faibles pour faire une longue promenade, ou pour gravir les côtes qu'il est impossibled'éviter ailleurs.

Il est fâcheux que, vers le milieu de la saison dernière, un tir au pistolet ait été établi dans ce lieu si délicieux par le calme dont on y jouissait malgré le voisinage des habitations. A partir de ce moment, il n'y eut plus de repos : adieu lectures et douces rêveries; toujours le bruit des détonations et l'odeur de la poudre. Le mal était supportable pour les personnes qui pouvaient encore aller chercher ailleurs le silence et la méditation, mais combien me parurent à plaindre celles dont la santé rendait la fuite impossible! Sans doute cet exercice fut agréable à beaucoup de jeunes gens qui rivalisaient d'adresse devant les dames attirées par ce spectacle inaccoutumé. Quelquefois même une jolie petite main bien blanche et bien tremblante se chargea de l'arme fatale, et envoya au loin dans les rochers le plomb dont l'œil timide n'avait osé tracer la route. Mais je doute que ces délassements puissent jamais compenser l'inconvénient de ces continuelles détonations; et pour un quart d'heure de distraction pris par chaque personne, l'oreille de tous est fatiguée pendant la journée entière.

Du jardin anglais on monte lentement, et par des sentiers sinueux, sur les dernières ondulations de la montagne de Gourcy, couverte d'une riche végétation forestière, au milieu de laquelle se dressent avec majesté d'admirables hêtres dont le tronc est d'une grosseur prodigieuse. Il s'en faut beaucoup que la hauteur de ces arbres soit en rapport avec leur volume; presque tous, arrivés à sept ou huit pieds d'élévation, se divisent tout à coup en une multitude de branches qui forment au-dessus du tronc une tête immense, pouvant servir d'abri au plus nombreux troupeau. Souvent cette forêt de vigoureux rameaux à écorce lisse et aux feuilles resplendissantes est supportée par un tronc tellement vieux, que l'écorce seule en subsiste encore, tandis que l'intérieur, réduit en poussière, sert de retraite à mille insectes, parmi lesquels le beau capricorne à élitres cendrées redresse ses longues antennes articulées et rayées, ainsi que ses ailes, par des anneaux et des bandes du plus admirable violet.

Entre les gros hêtres s'élèvent les nombreux massifs de ce buis si commun à la base de toutes les montagnes, et, dans les clairières, une foule de jolies bruyères étalent au soleil leurs corolles si riches de couleurs et de formes.

Le sentier chemine souvent à l'ombre des grands arbres, et plus souvent encore il se déroule au milieu des modestes buissons; tantôt il traverse une pelouse émaillée de mille jolies fleurs, et tantôt il trouve à peine sa place entre d'arides rochers. Partout la vue se repose sur des sites gracieux ou superbes, soit que le regard s'abaissant contemple le jardin anglais et le village situés bien au-dessous de lui, soit que s'élevant il admire la belle forêt de sapins qui, montant en échelons, finissent par perdre leurs têtes dans les nuages. Au nord, la vallée d'Ossan et le village de Laruns apparaissent encadrés de montagnes; au midi, la cime décharnée du pic de Ger et les neiges éternelles attirent les yeux par leur éclat. Des siéges, placés avec goût dans tous les lieux remarquables par les points de vue qu'ils dominent, invitent au repos et préviennent la fatigue. Le silence n'est interrompu que par le bruit lointain de la hache du bûcheron, ou les derniers sons des chants du charbonnier, dont la demeure est décelée, bien haut dans la forêt, par la blanche colonne de fumée dont les bizarres volutes se dessinent sur le vert obscur des sapins. Telle est la promenade Grammont, dont une des extrémités commence au jardin anglais; tandis que l'autre vient se terminer un peu plus haut que la chapelle. Il faut à peine une heure pour la parcourir dans toute son étendue; les pentes en sont presque partout d'une inclinaison modérée, et son élévation au-dessus de Bonnes, que l'on a souvent en vue, lui donne un caractère particulier, en présentant l'image de la vie et de l'activité au milieu d'un site très-agreste.

Combien y a-t-il d'années qu'à la place du joli village que vous venez d'admirer pendant votre promenade, existait seulement un ravin sauvage, inaccessible, encombré de débris de rochers descendus des montagnes, couvert d'arbres et d'arbustes sérrés, au-dessous desquels rampaient dans la fange de nombreux reptiles attirés par la tiédeur des eaux sulfureuses? Sans écoulement, stagnantes, dépourvues d'évaporation par le dôme de verdure qui les couvrait, ces eaux infectes repoussaient, par leur odeur, les pâtres que le hasard conduisait bien rarement dans cette horrible solitude. C'est aussi au hasard, dit la tradition locale, que l'on doit la connaissance des propriétés médicinales de ces eaux. Une pauvre et misérable vache, atteinte depuis longtemps d'ulcères sordides aux jambes, était menée paître, avec le reste du troupeau, aux environs du ravin qui nous occupe. Bientôt le pâtre s'aperçut qu'elle s'éloignait chaque jour du reste de la bande, pour ne reparaître qu'au moment du départ; et bientôt aussi il put remarquer que les ulcères de la pauvre bête avançaient rapidement vers la guérison. Curieux de connaître le rapport qu'il pouvait y avoir entre la guérison de sa vache et sa disparition journalière, il la suivit dans son excursion habituelle, et la trouva plongeant jusqu'au poitrail dans la fange sulfureuse. Cette cure fit du bruit dans la vallée; on tenta pour les hommes ce qui avait si bien réussi à la vache heureusement inspirée. Les cures se multiplièrent, la réputation des eaux s'étendit, et, quelque temps après, les pauvres Ossalais ne vinrent plus seuls à la source bienfaisante, qui ne tarda pas à être rendue plus accessible. Longtemps, cependant, on n'habita point auprès; les nobles et riches visiteurs des Eaux-Bonnes trouvaient l'hospitalité dans le château et le presbytère de Béoste, bien déchus à présent de leur ancienne splendeur. De là on les portait en litière ou en chaise, sur le dos de vigoureux montagnards, jusqu'à la source minérale, qui n'offrait alors que trois pauvres baignoires en bois, à peine abritées par quelques planches mal jointes. Les choses étaient en cet état de 1756 à 1764, pendant le séjour qu'y firent le duc d'Aviron, le marquis de Crillon, de Château-Giron, premier président au parlement de Bretagne, et tant d'autres grands du royaume. Qu'était-ce donc à l'époque bien plus reculée ou Marguerite de Valois y venait avec toute sa cour (1)! En 1806 même, il n'y avait encore que des maisons en bois; et c'est à partir de cette année que commencèrent à sortir du sol ces jolies demeures que nous habitons maintenant.

Séduits par les profits considérables qu'ils ont faits depuis quelques années, les possesseurs du sol des Eaux-Bonnes ne s'arrêteraient pas dans la manie de construire qui s'est tout à coup emparée d'eux, si le terrain lui-même ne venait à manquer à leur zèle. Dans le court espace de temps qui a séparé les deux étés de 1836 à 1837, la montagne a été attaquée de toutes les manières possibles pour élargir de quelques pieds la surface hori-

---

(1) Cette princesse, épouse de Henri d'Albret, sœur de François Ier, et reine de Navarre, aimait et cultivait les arts. Ses poésies lui acquirent le nom de dixième muse. Elle mourut en 1549. Voici son épitaphe :

Musarum decima, et charitum quarta, inclyta regum
Et soror et conjux, Margaris illa jacet.

zontale du sol. A peine un mètre de terrain était-il conquis, qu'un commencement de construction s'y élevait, et, grâce à tous ces efforts, les étrangers seront désormais mieux logés. L'on n'y verra plus l'affluence des malades forcer en quelque sorte les propriétaires (car il faut croire qu'ils y étaient forcés) à donner au nouvel arrivant le lit encore tiède où venait d'expirer un malheureux phthisique. Il y a quelque chose non-seulement de repoussant, mais de véritablement dangereux, dans cette rapide succession de malades, dont les derniers venus se hâtent de prendre la place de ceux qui les précédèrent, sans s'inquiéter de ce qui advint avant eux. Peut-être serait-ce un des devoirs de l'autorité locale d'exiger qu'un temps déterminé s'écoulât entre le jour du décès d'un malade atteint de consomption pulmonaire, et le jour où son appartement pourrait être de nouveau habité. Cet intervalle serait employé à purifier tous les objets de literie, en lessivant les uns, soumettant les autres aux émanations désinfectantes, blanchissant toutes les draperies, et tapissant même de nouveau la chambre, au besoin, suivant l'avis qui serait demandé au médecin inspecteur. Mais hâtons-nous de quitter cette longue digression, où je me suis laissé entraîner à mon insu, et revenons aux promenades qui me restent à décrire.

De l'autre côté du village, et comme pour faire le pendant de la promenade Grammont, on trouve sur la rive gauche du Valentin, et à quelques centaines de pas de l'établissement, les délicieuses allées que fit ouvrir, il y a deux ans, M. Eynard de Genève. Son séjour aux Eaux-Bonnes nous a procuré ainsi le moyen de jouir sans fatigue d'une foule de beautés qu'on n'eût pas soupçonnées sans lui. Douée d'un aspect qui lui est propre, la promenade Eynard ne ressemble en rien à celle dont vous venez de lire une imparfaite esquisse. Située sur la pente rapide d'une colline très-boisée qui l'isole des Eaux-Bonnes, elle a vis-à-vis d'elle, de l'autre côté du gave, les ondulations de la montagne Verte, qui dépourvue d'arbres, mais couverte de prairies, de petits champs cultivés, et de nombreux chalets dans une partie de son étendue, présente le tableau des paisibles conquêtes de la culture sur un sol dont l'inclinaison semblait être un obstacle invincible. Au-dessus de toutes ces parcelles de prairie, s'élevant par étages et dont de nombreux ruisseaux d'eaux vives entretiennent l'éternelle verdure, apparaît la *Pène* (1) de Lassive, masse énorme de rochers arides, qui semble menacer de sa chute les frêles habitations répandues çà et là sur les gazons de sa large base. Mais ce qui fait surtout le charme de ces allées si ombreuses, et si fraîches même aux heures les plus chaudes de la journée, c'est la présence et le voisinage du Valentin qui attire sans cesse le regard sur ses eaux impétueuses, en même temps

(1) Pène est le nom donné très-fréquemment, dans les Pyrénées, à des masses de rochers arides et élevés. Palassou le fait dériver du mot celtique *pen*, qui signifierait élévation. M. Léon Dufour lui trouve une origine plus récente et bien évidente, dans le mot espagnol *pena*, rocher.

qu'il charme l'oreille par la grave harmonie de ses nombreuses cataractes. On ne peut se faire d'idée de la variété d'aspects que présente ce petit gave, vu des différents points de la promenade Eynard. Tout à fait sous vos pieds, vous le voyez, un peu moins à l'étroit entre ses rives, calmer ses flots azurés et en laisser détourner une partie au profit d'un petit moulin qui, placé sur le bord du sentier, anime un peu les profondeurs du ravin. Tantôt ce sont des femmes du village d'Aas descendant la montagne et venant faire moudre leurs sacs de seigle, que de petits ânes portent devant elles; tantôt c'est un jeune pâtre aux grands yeux noirs, aux beaux cheveux bruns flottant sur ses épaules, qui, pieds nus, précède son troupeau de chèvres et s'arrête un moment sur le pont pour voir jouer les truites au fond des eaux limpides du torrent (1).

(1) Les truites que l'on trouve là, tant au-dessus qu'au-dessous du moulin, dans une longueur de quatre cents mètres environ, y ont été portées par la main de l'homme. Les gros fragments de rocher qui encombrent çà et là le

Quelquefois, enfin, c'est une cavalcade rapide et joyeuse passant, sans le regarder, au milieu de ce tableau champêtre, dont elle augmente encore le charme.

Si, continuant votre promenade, vous montez quelque temps encore jusqu'au point où l'allée dans ses nombreux détours semble revenir sur elle-même, alors le gave vous apparaît sous un aspect tout différent. Ce ne sont plus ces eaux à peu près tranquilles et que l'industrie pouvait s'approprier; c'est un torrent, qui, descendant avec fracas un sombre et profond ravin, trouve une nouvelle cause de rapidité dans les nombreux obstacles qui rétrécissent son lit. Se heurtant contre tous les rochers, il bondit sur leurs faces, se divise sur leurs angles, s'élance en sifflant dans leurs intervalles et submerge ceux qu'il ne peut contourner. Il jaillit, saute, tombe d'étage en étage, tout mugissant, tout blanc d'écume et ne formant en quelque

---

lit du torrent les abritent, et leur permettent de résister au cours impétueux des débâcles qui les entraîneraient sans cela.

sorte qu'une seule et unique cataracte depuis le moment où l'œil l'aperçoit pour la première fois, bien haut et bien loin, jusqu'à celui où, trouvant un sol moins incliné, ses eaux quittent le blanc éblouissant de la neige pour reprendre en se calmant cette transparence azurée dont la teinte ne se rencontre pareille que dans la brillante cassure des glaciers.

Je n'en finirais pas si je voulais décrire, même très-succinctement, chacune des jolies promenades qui se trouvent autour des Eaux-Bonnes. Je ne ferai donc qu'indiquer la route de Laruns qui jouit du privilége d'être à la mode après le dîner, et d'offrir la réunion des plus élégantes toilettes; le chemin lentement ascendant qui mène à la haute et gracieuse prairie de Discoo, où se réunissent les chasseurs de papillons; enfin l'allée sinueuse qui conduit au kiosque dont est couronnée la butte du Trésor et d'où l'on découvre un paysage si riant et si étendu. De ce point, j'ai plusieurs fois contemplé un admirable spectacle que je me sens dans l'impuissance de décrire; mais dont je voudrais seulement donner une idée, afin d'appeler sur lui l'attention des promeneurs auxquels il échappe, sans doute faute de leur avoir été signalé. On en jouit là assez souvent, dans les circonstances que je vais indiquer, tandis que nulle part ailleurs, dans les Pyrénées, je ne l'ai vu ni si beau, ni si fréquemment renouvelé.

Quand, dans une de ces matinées où le temps est ce qu'on nomme couvert, parce que le soleil n'a point encore dissipé le rideau de nuages qui s'élève lentement du fond des vallées, vous vous rendez au kiosque de la butte du Trésor, vous voyez au nord-ouest, et à une lieue devant vous, la belle vallée d'Ossau, qui, s'élargissant amplement dans ce lieu, permet à toutes les cultures de la plaine d'entourer de leurs richesses le bourg de Laruns. Malgré sa pauvreté réelle, la nombreuse réunion de maisons qui le forme lui donne de loin cependant l'air d'une opulente cité, à cause de l'éclat de tous les toits couverts de l'ardoise si commune dans cette partie des Pyrénées. La variété des cultures forme autour de la petite métropole un cercle de verdure tendre et diversement nuancée, tranchant agréablement avec la teinte sombre des hautes montagnes qui, de tous les côtés, encadrent ce tableau. De gros nuages où le blanc se marie avec toutes les nuances du gris, s'appuyant sur les premiers étages de ces montagnes, dissimulent tout à fait leur gigantesque élévation et les réduisent aux proportions des monts secondaires au-dessus desquels il ne semble rien exister que l'immensité des cieux. Le lieu où les nuages touchent le sol paraît être l'horizon naturel de cette contrée, de l'autre côté de laquelle l'imagination se représente un décroissement et une pente analogue à celle que l'observateur voit devant lui. Tout à coup, et pendant que vos yeux se promènent sur ce vaste paysage éclairé seulement par la lumière grise et diffuse d'un jour sans soleil, voilà que bien haut dans le ciel, à quelque cinq ou six cents pieds de ce qui semble l'horizon, presque sur votre tête, les nuages s'écartent laissant uue large ouverture à travers laquelle vous apercevez, non sans une indicible surprise, un joli paysage suspendu dans les cieux. Là, resplendissants des torrents de lumière qu'y verse un soleil invisible pour vous, apparaissent colorés de ses plus chauds reflets des forêts de sapins, des tapis de verdure, de bizarres rochers, d'humbles chalets; et, si votre œil est aidé d'une longue-vue, vous distinguez, dans ce magique tableau, le berger couché sur le gazon et entouré de son troupeau. Puis, lorsque tout entier à la contemplation de cet autre monde, vous avez oublié celui où vous êtes, la vision disparaît, la radieuse ouverture est de nouveau envahie par les nuages, et vos yeux cherchent en vain, dans l'immense étendue, à retrouver ce point du ciel à travers lequel, nouveau Christophe Colomb, vous veniez d'entrevoir une terre inconnue.

Cascades.

Il existe aux environs des Eaux-Bonnes trois cascades remarquables et qui méritent d'attirer votre attention. Elles pourront servir de but à vos promenades et vous leur trouverez de l'intérêt, même après avoir vu les plus célèbres chutes d'eau des Pyrénées. Combien vous charmeront-elles, à plus forte raison, si vous ne connaissez point encore les montagnes, et de combien de nouvelles sensations ne deviendront-elles pas la source! La nature a réuni autour des Eaux-Bonnes, et dans un rayon assez peu étendu, tous les genres de beautés qu'elle a disséminés çà et là dans le reste des Pyrénées; mais comme le cadre est moins vaste ici, elle a réduit chacun des phénomènes naturels à des proportions telles qu'il s'harmonise parfaitement avec l'ensemble, et conserve néanmoins un caractère de supériorité et de grandeur qui le fait saillir au milieu des objets qui l'entourent. Cette réflexion est applicable, non-seulement aux cascades qui l'ont fait naître, mais à tous les genres de beautés après lesquels on court dans les montagnes, de sorte que le voyageur, obligé de borner son itinéraire à la localité que nous décrivons, peut emporter cependant une idée exacte et complète de tous les accidents dont la nature est si prodigue dans ces belles contrées.

La cascade des Eaux-Bonnes, ainsi nommée à cause de sa proximité de l'établissement thermal, est la première que vous devez naturellement visiter. Elle se trouve sur la gauche du chemin qui conduit au pont d'Aas, et le bruit de sa chute en décèle seul la présence. Il faut, en effet, s'avancer un peu hors du sentier et se placer sur un petit rocher qui fait saillie au-dessus de la pelouse, pour voir cette cascade sous son premier aspect. De ce point vous la dominez entièrement; et votre regard, après s'être arrêté sur le bassin naturel où le gave semble se reposer un instant avant de s'élancer dans l'abîme, suit le double courant déterminé par un roc élevé qui divise ses eaux au moment de leur chute.

De là, d'azurées qu'elles étaient, devenant subitement aussi blanches que la neige, elles se précipitent impétueusement le long des parois lisses et unies du haut rocher presque vertical qui leur sert de lit, et tombent en mugissant au fond du ravin qui les attend. Cependant le lieu où vous êtes est le moins favorable à la vue de la cascade, et pour la connaître vraiment il faut descendre un petit sentier que vous avez près de vous, et qui conduit d'abord à une seconde station près de la charmante grotte Castellane (1). Arrivé là, vous vous trouvez à peu près à moitié de la hauteur de la chute et tout à fait au bord de la cascade. Elle passe sous vos yeux avec une telle rapidité que si vous la regardez fixement et longtemps, vous finissez par éprouver une sorte de fascination qui n'est pas sans danger. Il y a dans cette immense colonne d'eau éblouissante qui fuit et tombe sous vos pieds avec la vitesse de

---

(1) Ainsi nommée en mémoire de M. de Castellane, ancien préfet des Basses-Pyrénées, auquel les Eaux-Bonnes sont redevables de nombreuses améliorations.

l'éclair, une véritable puissance qui vous attire vers elle. Le violent courant d'air qu'elle détermine, le bruit assourdissant qui l'accompagne, vous poussent dans sa direction, et la mélancolique rêverie qui naît bientôt en présence de ce grand spectacle pourrait finir par un irréparable malheur. Enfin, pour la voir dans toute sa beauté, il faut descendre encore et venir se placer sur les bords du bassin où ses eaux viennent enfin s'apaiser. Là, au pied même de la cascade et pouvant en mesurer toute la hauteur, votre œil suit avec ravissement les mobiles et rapides ondulations du double courant qui la forme (1).

C'est en revenant de contempler ce spectacle qu'une jeune et intéressante femme trouva tout à coup, il y a deux ans, une mort affreuse au milieu de sa promenade. Son corps frêle et souffrant fut broyé par un fragment de rocher que des ouvriers

---

(1) Du premier bassin, d'où s'élancent les deux colonnes d'eau, jusqu'au second qui les reçoit, il y a, en suivant l'inclinaison du rocher, cent quatre-vingt et quelques pieds.

imprudents firent sauter à l'aide d'une mine, et qui dans sa chute rapide rencontra l'infortunée malade. Une tombe en marbre noir, sur laquelle se lisent la cause et l'expression des regrets de sa famille, vient frapper les yeux du promeneur solitaire, dans le lieu même témoin de ce malheur. La vue de cette pierre funéraire seule au milieu d'un désert, le silence imposant de la solitude qu'interrompt seulement le plaintif et lointain mugissement des eaux, l'idée d'une mort prompte et inattendue venant subitement saisir sa victime au moment où, pleine d'espoir, elle croyait s'être rapprochée des sources de la vie, tout imprime à l'âme un profond sentiment de mélancolie religieuse, en lui rappelant la vanité de nos projets et sur quelle base fragile repose ce qu'on appelle le bonheur.

Il faut se hâter de dire pour rassurer les personnes timides, que de rigoureuses mesures de police ont été prises par l'autorité pour prévenir à jamais le retour de semblables accidents. Partout aux environs des Eaux-Bonnes, les promeneurs jouissent maintenant d'une entière sécurité et peuvent se livrer sans inquiétude aux charmes de leurs excursions. Un seul lieu cependant me paraît offrir encore quelque danger; et l'administration le fera disparaître sans doute, quoique jusqu'ici toutes les réclamations soient restées sans effet. Lorsqu'on se rend aux autres cascades dont je vais parler dans un instant, on suit, en sortant de Bonnes, le chemin de la prairie Discoo. Ce sentier, taillé sur le penchant de la montagne, est interrompu par quelques ravins qui le dégradent chaque printemps, en enlevant les terres qu'emportent les torrents de neige fondue. Au commencement de la saison des eaux, le sentier est de nouveau réparé, et quoique bien étroit dans ces lieux, il est cependant praticable. Mais ce ne peut être sans effroi, qu'en passant le second de ces ravins les promeneurs aperçoivent horizontalement, bien haut sur leur tête, un énorme bloc de pierre qui descendit autrefois de montagnes plus élevées, ainsi que l'indiquent ses formes arrondies, et ne tenant dans les terres friables et mobiles que par l'extrémité la moins grosse de l'ovoïde dont il a la forme. Il semble qu'un peu plus d'humidité dans les terres, la chute d'une pierre qui le frapperait en tombant de plus haut, ou seulement la commotion du sol par les pieds de chevaux passant au galop, suffirait pour détacher sa lourde masse à laquelle rien ne pourrait résister.

La seconde cascade, d'un genre tout différent, moins imposante, mais plus agreste que la première, prend naissance sous le pont de Discoo, à une demi-heure des Eaux-Bonnes, en remontant le Valentin. Il faut, pour la bien voir, passer le pont, suivre un tout petit sentier qui se glisse à gauche de la route sur les escarpements du ravin, et aller s'asseoir en face et un peu au-dessous de l'arcade. Elle projette son ombre sur l'origine de la cascade, et produit de beaux effets de lumière par le contraste de sa teinte sombre avec la brillante transparence des eaux, qui apparaissent au delà, descendant par étages inégaux. De votre côté, au contraire, elles perdent leur diaphanéité dans leur chute, et n'offrent plus que l'aspect d'une blanche avalanche tombant avec fracas.

La cascade du Gros-Hêtre est la troisième. Plus éloignée encore, mais sur la même route, elle est tellement cachée et si difficile à trouver, qu'il faut nécessairement y être conduit par quelqu'un qui la connaisse. Elle ne ressemble en rien aux deux autres : c'est une majestueuse colonne d'eau de soixante-treize pieds d'élévation, tombant perpendiculairement et se brisant sur les rochers aigus du plus sombre et du plus étroit des précipices. Quand on s'y rend à cheval, il faut suivre le chemin de Cauterets qu'on ne quitte qu'à peu de distance de la cascade ; mais si l'on y va à pied, on peut abréger le trajet et le rendre plus agréable en le faisant, après la fenaison, sur la douce pelouse des prairies qui côtoient le Valentin.

Quoique toujours belles, ces trois cascades perdent beaucoup à être vues à l'époque de l'année où les curieux et les malades se rendent dans les Pyrénées. Les neiges, presque entièrement fondues, n'alimentent plus le torrent, dont la sécheresse de la saison diminue encore le volume. Il en résulte qu'au lieu de s'élancer à pleins bords avec impétuosité, les eaux, ainsi réduites, tombent comparativement avec timidité. Mais si vous voulez juger de ce qu'elles sont au premier printemps et dans toute la vigueur de leur jeunesse, profitez d'un bel orage, accompagné d'un déluge de pluie, et courez à la cascade des Eaux-Bonnes : à peine la reconnaîtrez-vous alors. Quelle force et quelle grandeur ! Avec quelle fureur les deux torrents qui s'élancent de sa double issue entrechoquent leurs eaux, se heurtent, se repoussent, se mêlent ! Quel bruit que cette voix de tonnerre accompagnée du sifflement de quartiers de rocher arrachés à la montagne et se brisant dans leur rapide projection !

Si votre santé vous permet les excursions un peu longues, et que vous soyez curieux de connaître toutes les chutes d'eau des environs, vous ne pouvez vous dispenser d'aller voir celle de Larressec. Il faut une heure et demie pour s'y rendre, et l'on n'est guère qu'au tiers du chemin à la cascade du Gros-Hêtre; mais ne vous plaignez pas de cet éloignement, car il multipliera vos jouissances en vous faisant parcourir les sites les plus variés et les plus majestueux. L'échancrure du col de Tortes, qui domine les Eaux-Bonnes de plus de trois mille pieds, est presque toujours en face de vous : près d'elle les bizarres dentelures de la haute montagne de la Latte attirent vos regards émerveillés ; et soit que vous les portiez plus haut encore sur la cime décharnée du pic de Ger, soit que vous les abaissiez au fond de la gorge où fuit le torrent, partout vous rencontrerez de nouveaux sujets d'admiration. N'attendez pas de moi la description de tous ces tableaux ; il y aurait bien certainement autant de maladresse à la tenter que d'impossibilité à la bien faire : ce sont de ces choses que l'on sent, mais que l'on ne peut reproduire par des paroles. Je me bornerai donc à signaler à votre attention les points les plus dignes de la fixer.

Remarquez, à quelques portées de fusil du petit pont de Sandis, et dans l'endroit où l'étroite vallée s'élargit sensiblement, l'entrée d'une gorge sauvage. Vous ne la visiterez pas aujourd'hui ; mais elle sera pour vous un charmant but de promenade un autre jour, et elle vous conduira dans un des sites les plus sauvages et les plus romanesques de ces agrestes contrées.

Non loin de là, arrêtez-vous un instant, un peu avant d'arriver au frêle pont du Roi, et allez sur la droite de la route plonger vos regards dans un gouffre où se précipite le gave, dont les eaux se sont lentement frayé un passage en minant le cœur même du rocher. Ce coup d'œil est fort curieux; mais, pour en bien jouir, il faut s'aventurer sur la pente très-inclinée de ce rocher, et il y a un point de ce trajet glissant qui n'est pas sans quelque danger.

Plus loin encore, et au moment où quittant un bois de sapins, vous descendez pour entrer dans la plaine de Larressec, vous trouverez à gauche, et sur le bord du gave, fort encaissé dans ce lieu, de beaux effets de lumière produits par la vapeur aqueuse qui s'élève des petites cataractes du torrent, et dans laquelle se brisent les rayons du soleil en formant de nombreux et jolis arcs-en ciel.

Enfin, la cascade elle-même s'offre à vos regards à l'extrémité la plus reculée d'une immense plaine en forme de cirque; et ses eaux, en se brisant au milieu de leur chute sur un rocher qui les reçoit, lui donnent quelque analogie avec la haute cascade de Gavarnie, dont elle n'est, malgré son volume imposant, qu'une imparfaite miniature.

Grotte remarquable près les Eaux-Bonnes.

Les entrailles des montagnes sont pleines de cavités naturelles, la plupart inconnues aux hommes, et renfermant des merveilles non moins admirables que celles qu'éclairent les rayons du soleil. Le hasard a, depuis longtemps, fait connaître quelques-unes de ces cavités, qui diffèrent entre elles sous le rapport de leur étendue, de leur forme, etc., mais qui se ressemblent toutes par le caractère commun qu'elles tirent des stalactites qui pendent de leurs voûtes, en revêtant toutes les formes qu'une riche imagination eût pu leur donner, et dont quelques-unes, prolongées jusqu'au sol, imitent des piliers de toutes les dimensions et de tous les genres d'architecture. Primitivement d'une blancheur éblouissante, et plusieurs d'entre elles chargées d'une foule de petits dessins bizarres et délicats ressortant en relief, ces stalactites ont bientôt perdu toute leur beauté originelle, soit par la fumée des torches des curieux, soit par les mutilations que leur a fait subir le marteau d'impitoyables amateurs de collections. C'est par cette raison que le plus grand nombre des grottes connues que renferment les Pyrénées sont bien loin de mériter les éloges pompeux dont elles sont l'objet dans les livres de descriptions. Aussi est-ce une rare et véritable bonne fortune que d'assister à l'ouverture d'une de ces grottes, jusque-là ensevelie dans les profondeurs de la terre, et de l'admirer dans son état de virginité.

J'eus ce bonheur pendant l'été de 1836. Le pauvre propriétaire d'une petite carrière située à une demi-lieue des Eaux-Bonnes, sur la route de Laruns, découvrit une de ces cavités naturelles que nul œil n'avait encore vue; et cette nouvelle s'étant promptement répandue, je me hâtai d'aller visiter cette curieuse excavation avant qu'elle n'eût été dégradée. Elle le sera plus lentement que les autres, car le villageois, pour se faire un revenu de sa découverte, a mis une porte à l'ouverture du souterrain, et nul n'y entre s'il n'est accompagné par lui. Malheureusement, il en détache déjà lui-même, pour les vendre, les morceaux les plus délicats; et la dégradation, pour être plus méthodique et plus lente, ne s'en effectuera pas moins. Cette grotte est peu étendue; elle manque aussi d'élévation, et peu de personnes suffisent pour la remplir : mais elle compense ce qui lui manque sous le rapport de l'espace par la richesse des ornements qu'y entassa la nature, et qui brillent encore de tout leur éclat. Il est même probable que bientôt à cette salle, maintenant unique, s'en réuniront plusieurs autres qui existent certainement dans son voisinage, ainsi que le prouvent de petites ouvertures naturelles qui se trouvent dans ses parois, et à travers lesquelles s'entrevoient d'assez vastes cavités. Les Eaux-Bonnes posséderont alors ce qu'il y aura de plus curieux et de mieux conservé en ce genre. Telle qu'elle est à présent, elle mérite que vous descendiez la visiter; l'accès en est assez facile, et l'on n'y ressent point cette glaciale humidité qui rend si dangereuses la plupart des cavités souterraines.

Villages d'Aas, Bagés, Béoste, Laruns.

Bien que Laruns et les trois ou quatre villages qui se trouvent au-dessous des Eaux-Bonnes, sur la rive droite du gave, n'offrent rien de fort remarquable, ils deviendront à leur tour le but de nouvelles excursions que vous n'entreprendrez qu'à cheval, à cause de la longueur du chemin. Si l'on en excepte, en effet, le triste village d'Aas, privé d'ombrage, et son voisin le gracieux Assouste couronné de beaux bouquets de chênes, les autres sont trop éloignés pour des promenades à pied. Ce n'est pas que ces villages en eux-mêmes, et vus de près, aient rien de bien attrayant. On peut leur appliquer l'observation de Walter Scott, relative aux hameaux écossais. De même que la plupart des choses de ce monde, ils ne paraissent avec avantage que vus dans l'éloignement. Cependant vous parcourrez avec intérêt les étroites ruelles de Laruns et de Béoste; vous verrez avec surprise tous leurs fours situés au premier étage, et saillants à l'extérieur des maisons : vous entrerez avec curiosité dans ces pauvres et vastes demeures bâties de marbre, couvertes d'ardoises, et dont les fenêtres ignorent encore, pour la plupart, l'usage si vulgaire des vitres. Vous gravirez jusqu'à Bagés, dont les alentours sont si frais, si pittoresques, et pourtant si peu fréquentés. Enfin vous n'abandonnerez pas ces parages sans monter jusqu'à la belle carrière de marbre blanc, dont les blocs, transformés par le statuaire, ont déjà fixé votre attention dans les jardins de la capitale.

Les fêtes patronales de ces villages se trouvent avoir lieu dans la belle saison ; celle de Laruns surtout, le 15 d'août, attire tous les étrangers des Eaux-Bonnes et des Eaux-Chaudes, qui en sont également distantes. C'est pour cette solennité que se réservent les plus beaux vêtements des pasteurs et les plus fraîches toilettes des jeunes Ossalaises; c'est dans ce jour que l'air retentit plus que jamais des sons joyeux du fifre et du tambourin. C'est là que vous admirerez la justesse de l'oreille de tous ces montagnards, qui, dans leur danse aussi simple que gracieuse, suivent avec une incroyable précision les notes aiguës de l'orchestre, que leurs cris joyeux interrompent à des intervalles marqués.

La longue procession religieuse, en se déroulant lentement au milieu de l'après-midi depuis l'antique église jusqu'aux rues les plus reculées du village, vous fournira l'occasion de voir en même temps tous les costumes de la vallée d'Ossan. Jeunes filles, femmes, veuves, pasteurs, ouvriers, vieillards, tous ont un costume différent, dont la réunion compose un spectacle très-curieux. Ne craignez pas de reculer votre départ de quelques jours, s'il le faut, pour vous trouver à cette fête intéressante sous tant de rapports à la fois, et dont vous aimerez à vous souvenir.

Eaux-Chaudes.

L'établissement thermal des Eaux-Chaudes, situé au midi et à une lieue de Laruns, est souvent visité par les habitants des Eaux-Bonnes. Cette distance, loin d'être un obstacle aux fréquentes communications entre les deux établissements, est un attrait de plus par l'agréable promenade qu'elle nécessite, et qui n'excède point le degré de forces de la plupart des malades, ceux que le cheval fatigue pouvant y aller en voiture (1). La route que l'on suit, belle partout, est riante pendant la première moitié du chemin et jusqu'à la hauteur de Laruns, où, changeant de direction et courant du nord au sud, elle prend un tout autre aspect. C'est avant d'arriver près de ce village, et en passant sur le pont de mar-

(1) On trouve, à toute heure, des chevaux et des voitures à louer aux Eaux-Bonnes. Les chevaux se paient ordinairement trois francs pour la journée, et deux francs seulement pour une promenade de peu de durée.

bre jeté sur le gave de Gabas, que vous pourrez admirer une des choses les plus curieuses des Pyrénées, le passage étranglé que le torrent s'est fait au sein de la roche vive qu'il a creusée de plus de cent pieds de profondeur, et sa mystérieuse sortie de la plus ténébreuse des gorges, pour entrer dans la riante vallée d'Ossau. Tracée alternativement sur les deux côtés de hautes montagnes coupées à pic par un ravin d'une profondeur immense, la route que vous suivez dans sa nouvelle direction est constamment suspendue entre la cime des rochers qui la menacent sur votre tête et le torrent qui la sape sous vos pieds. Dès son début, elle prend un caractère très-remarquable en se glissant dans l'étroit passage de la Hourcade, que lui fraya la mine entre les flancs du roc vif. Une petite madone, sainte protectrice de ce défilé, reçoit la fervente prière des nombreux Espagnols qui fréquentent ce passage. Chaussés de l'espadrille, couverts du vaste sombrero, drapés de l'inséparable couverture de laine, et chassant devant eux de grands mulets qui portent les femmes et les enfants, ces hommes étrangers, souvent accompagnés de nombreux troupeaux, achèvent de donner un caractère tout particulier à ce site sauvage.

Le pont d'Enfer, que vous trouvez à moitié route à peu près, mérite que vons descendiez de voiture pour contempler à quelle hauteur il se trouve jeté sur le torrent, dont les eaux rapides ont poli, à l'aide des siècles, les énormes et indestructibles rochers qui soutiennent son arche si frêle et si périssable.

Connues au moins aussi anciennement que leurs voisines, les sources minérales des Eaux-Chaudes sont plus abondantes et un peu plus élevées en température. Sulfureuses comme presque toutes les eaux minérales des Pyrénées, mais moins abondamment pourvues de ce principe que les Eaux-Bonnes, elles ne sont pas aussi fréquentées par les étrangers, et, sauf quelques exceptions, réunissent une société beaucoup moins aristocratique; encore y est-elle attirée bien plus par la réputation de M. le docteur Samonzet que par celle des eaux elles-mêmes. Indépendamment du voyage que l'on y fait de Bonnes en partie de plaisir, on y est encore conduit par la facilité d'y prendre des bains dont l'eau, naturellement plus chaude que celle des Eaux-Bonnes, n'exige pas le secours d'un calorique étranger. L'abondance des sources permet ici, comme à Bagnères et à Saint-Sauveur, de laisser le robinet ouvert pendant toute la durée du bain, et de se trouver ainsi dans un courant continuel d'eau sulfureuse, qui n'a guère le temps de se décomposer dans son rapide passage autour du corps.

Les Eaux-Chaudes doivent à leur position, plus qu'au nombre de leurs habitants, le mouvement et la vie qui les anime ; placées sur la route de Gabas, du pic du Midi d'Ossau, et de la casa Brousset, il faut les traverser pour aller en Espagne de ce côté, et ce passage est un des plus fréquentés. On y trouve une petite promenade au bord de son gave profondément encaissé, et deux hôtels bien tenus dont la table est excellente.

On ne va guère aux Eaux-Chaudes sans faire, au moins une fois, une excursion au petit hameau de Goût, qui en est très-voisin. C'est une sorte de colonie en miniature, établie sur un plateau que l'on ne soupçonnerait jamais au sommet des rochers qui bordent la route d'Espagne. L'accès n'a de difficile que la raideur du sentier; mais les petits chevaux des montagnes le gravissent, et l'on est tout étonné de trouver au milieu de ces rocs arides, à près de mille mètres au-dessus de la vallée de Gabas, de petits chalets entourés de fraîches prairies, de jolies cultures: et tout cela, dans un air si pur, dans un calme si grand, que l'on éprouve un allégement de ses peines, rien qu'à vivre quelques heures parmi cette heureuse peuplade de bergers. L'esprit se reporte si volontiers sur les sensations agréables qu'on éprouve parmi eux, qu'il me faut tout le souvenir de la lettre spirituelle que ces lieux inspirèrent à M. de L* pour arrêter ma plume aussi empressée que faible dans ses descriptions.

Si la petite colonie de Goût attire les pas des voyageurs sur la rive gauche du gave de Gabas, une merveille d'un autre genre les retient plus souvent encore sur la rive droite de ce torrent. On trouve à trois quarts de lieue des Eaux-Chaudes, à moitié chemin de la hauteur, et sur la pente escarpée de la montagne, une grotte célèbre dans le pays. Le raide et raboteux sentier qu'il faut suivre pour y arriver est accessible aux chevaux et offre fréquemment de très-beaux points de vue, soit que le regard s'élève sur la cime rembrunie des monts qui s'étendent au midi, soit qu'il s'abaisse sur la route d'Espagne, dont les sinuosités suivent celles du gave, qu'elle accompagne sans cesse.

La haute, profonde et vaste caverne que vous allez visiter offre cela de particulier, qu'indépendamment de son étendue encore mystérieuse elle est parcourue dans toute sa longueur par un torrent souterrain, que l'on entend mugir dans les ténèbres de ses enfoncements, et dont les eaux glaciales ne voient le jour qu'en sortant de l'immense arcade qui sert d'ouverture à la grotte. Un violent courant d'air, plus froid encore que le sombre torrent qui l'entraîne avec lui, sort avec impétuosité de la large ouverture de cet antre, et fait succéder tout à coup la température de l'hiver aux ardeurs de l'été. Quel danger ne court pas, dans cette brusque transition, le curieux imprudent qui, après avoir gravi la montagne pendant trois quarts d'heure, exposé à la brûlante réverbération des rayons d'un soleil de juillet, passe subitement dans cette atmosphère boréale! En vain les personnes faibles et malades croiront-elles éviter ces dangers, en prenant toutes les précautions possibles; elles les diminueront sans doute, mais ne les détruiront pas. Lorsque je visitai cette grotte, dans le mois de juillet 1836, j'étais en compagnie du docteur Windischmann, jeune médecin allemand d'un rare mérite, actuellement professeur d'anatomie à l'université catholique de Louvain. Guéri déjà de l'affection qui l'avait conduit aux Eaux-Bonnes, il ne prit que peu de précautions pour lui; mais il voulut, à cause de moi, que nous n'entrassions dans la caverne qu'après une demi-heure de repos à l'ombre. Ce ne fut même qu'enveloppé de mon manteau, et la figure entourée jusqu'aux yeux des plis d'un ample foulard, qu'il me fut permis de le suivre. Je ne m'aperçus que faiblement de l'abaissement de la température, et en reparaissant au jour après un quart d'heure seulement, j'éprouvai une indicible sensation de bien-être, en respirant de nouveau l'air pur et chaud du dehors. Cependant j'étais à peine rentré chez moi, qu'un frisson, suivi d'un accès de fièvre, vint me prouver qu'on ne s'expose point impunément à de telles épreuves, et, pendant une rechute de plusieurs jours, j'eus le temps de réfléchir aux dangers contre lesquels j'essaie de vous prémunir. Craignez donc de perdre en quelques minutes le fruit d'un long traitement, et laissez aux personnes en bonne santé le plaisir de visiter cette grotte véritablement dangereuse pour les malades et les convalescents.

Chasse aux chamois.

Le chamois des Pyrénées, connu sous le nom d'*isard*, est un charmant animal, très-commun aux environs des Eaux-Bonnes : souple, leste, gracieux et sauvage il n'habite que le sommet des montagnes, et les bois les plus élevés; suivant le retrait des neiges, à mesure qu'elles se fondent, il se plaît à brouter les gazons à peine découverts, et son bêlement est le seul bruit qui se fasse entendre dans les solitudes où ses bandes joyeuses trouvent, loin des hommes, le bonheur et la liberté. Mais c'est en vain qu'il cherche à cacher son innocente vie, et qu'il demande le repos aux sites les plus inaccessibles; c'est en vain que sa taille svelte, ses nerfs vigoureux et ses pieds agiles lui permettent de franchir les précipices, de sauter de rocher en rocher, et de fuir avec rapidité sur des pentes tellement inclinées, qu'on refuse de croire à son passage lors même qu'on en est témoin; il faut qu'il meure, pour procurer quelques instants de distraction aux riches que la belle saison attire dans les Pyrénées. Car ce ne sont pas seulement des malades que vous rencontrez aux Eaux-Bonnes; il suffit qu'un des membres d'une famille ait besoin d'aller réclamer leur secours, pour que père, mari, frères ou cousins s'empressent de l'accompagner. Or la chasse aux isards est un des amusements favoris de ces hommes pleins de santé, auxquels l'air des montagnes donne une nouvelle énergie, et fait un véritable besoin d'un exercice actif. Il n'en est point de plus attrayant que cette chasse, qui, sans vous exposer à de véritables dangers, vous fait parcourir les sites les plus pittoresques, et vous cause les plus vives émotions.

L'isard est en effet bien plus facile à chasser que le chamois des Alpes, et, grâce à l'habileté des guides qui accompagnent les chasseurs, on n'entend jamais parler de graves accidents. Quand on veut se procurer ce plaisir, il faut prévenir de la veille trois ou quatre de ces hommes que l'on trouve toujours aux Eaux-Bonnes. Dès les premiers rayons du jour, ils viennent vous éveiller; et armés de leurs longs fusils, ils conduisent vos pas à travers des sentiers que vous n'eussiez pas soupçonnés sans eux. Après une marche en général assez longue et fatigante, vous arrivez enfin dans le lieu de vos exploits futurs; les guides vous donnent leurs instructions, vous placent en embuscade, puis, vous quittant, ils disparaissent avec la légèreté des isards qu'ils vont poursuivre, et, se dispersant sur des hauteurs inaccessibles pour vous, et où ils savent qu'ils rencontreront les agiles chamois, ils les forcent à venir passer à portée de vos armes meurtrières, en avertissant par leurs cris aigus de l'approche de ces innocentes victimes. C'est là le moment des vives émotions: avec quelle anxiété l'œil cherche à distinguer de loin la fuite rapide de l'hôte effrayé de ces solitudes! Combien l'oreille est aux aguets pour entendre le moindre bruissement des arbrisseaux qu'il frôle dans son passage! Le cœur bat plus vite, la main du novice tremble malgré lui; ses jambes même semblent vouloir lui manquer dans ce moment critique: il cherche contre le roc voisin un appui qui rende son coup plus sûr; mais au moment de son apprêt tardif, l'isard paraît, bondit à ses yeux, passe comme l'éclair, et disparaît avant que le chasseur soit remis de l'éblouissement subit dont il vient d'être saisi. Cependant l'air a retenti de plusieurs détonations; et bientôt les cris joyeux de ses compagnons plus exercés, et plus heureux, lui annoncent une victoire qui lui échappe pour cette fois.

Le retour des chasseurs aux Eaux-Bonnes est une petite marche triomphale : de nombreux coups de fusil annoncent leur arrivée; et la population oisive et curieuse se hâte de se mettre aux fenêtres, pour voir passer les vainqueurs. Précédés des guides, dont les robustes épaules supportent les chamois abattus, ils reçoivent les félicitations des buveurs sédentaires, et vont déposer aux pieds des dames le trophée de leur chasse. On ne conserve ordinairement que la peau des isards, dont on fait de jolies descentes de lit et des tapis de pied. La chair de ces animaux est abandonnée aux guides, à l'exception des filets, qui sont estimés, et dont le goût diffère peu des filets de chevreuil. Cette partie de plaisir, qui se répète souvent, ne prend que la matinée; et comme on s'y livre rarement seul, elle devient peu coûteuse, chaque chasseur n'ayant guère ainsi à payer qu'un guide, auquel on donne habituellement cinq francs.

Chasse aux ours.

Quoique infiniment moins communs que les isards, les ours ne sont point rares dans cette partie des Pyrénées, et se retirent de préférence dans les sombres forêts que l'on trouve au-dessus des Eaux-Chaudes. S'il arrive que, pendant la belle saison, quelques-uns de ces farouches solitaires laissent des traces fréquentes de leurs nocturnes excursions autour des troupeaux, l'éveil est bientôt donné par les pasteurs intéressés à leur destruction, et cette nouvelle devient le signal d'une grande partie de chasse, à laquelle les amateurs se hâtent de prendre part. Presque tous les étrangers bien portants des Eaux-Bonnes saisissent cette occasion d'assister à un spectacle qu'on ne peut voir que rarement, même dans les montagnes; mais ils ne prennent que le second rang dans cette chasse, laissant aux amateurs du pays, instruits par l'expérience, le soin de diriger la marche et la disposition des assaillants. Une de ces chasses eut lieu pendant mon premier séjour aux Eaux-Bonnes ; mais je n'y assistai point, ayant même la précaution de diriger ma paisible herborisation vers un point opposé. Deux ours furent aperçus, dit-on, mais ils échappèrent à la poursuite dont ils étaient l'objet.

Si ces grandes réunions sont rarement fatales aux ours, il n'en est pas de même des combats isolés que leur livrent les chasseurs de la montagne. Il est tel pasteur Ossalais qui, sans être encore dans la vieillesse, en a déjà tué une cinquantaine pour sa part. C'est souvent le hasard qui détermine le lieu et le moment de l'attaque, où la victoire ne coûte quelquefois aucuns efforts, tandis que, dans d'autres circonstances, elle expose aux plus grands dangers, et demande autant de courage que de sang-froid.

Un boucher de Laruns, homme d'une trentaine d'années, remarquable par la vigueur de sa constitution, m'a conté que, revenant un jour de la chasse aux isards, et traversant seul un bois peu fréquenté, il entendit une sorte de grognement au-dessus de sa tête, au moment où il passait sous un superbe chêne, couvert d'une profusion de glands. Ayant cherché à reconnaître l'auteur de ce bruit, dont il soupçonnait la nature, il aperçut dans les branches un bel ours, fort occupé à dépouiller le chêne d'une partie de ses fruits. Se placer convenablement, ajuster la bête et la faire tomber morte au pied de l'arbre, ne fut pour le chasseur que l'affaire d'un instant. Mais au moment où, transporté de joie, il s'élançait vers sa capture, il entendit un nouveau bruit sur sa tête, et ne vit pas sans effroi deux autres ours, plus gros que le premier, descendant du chêne avec rapidité, et faisant entendre d'horribles grognements. Pour le coup, dépourvu d'armes et pris à l'improviste, notre boucher ne pensa plus à l'attaque; mais battant en retraite, avec toute l'agilité dont il était capable, il courut se blottir dans une des touffes de ce grand buis si commun aux environs des Eaux-Bonnes, et près de laquelle passèrent, en courant, les ours, encore plus effrayés que lui.

Une autre fois, comme il traversait avec deux chasseurs un lieu fort désert, ils remarquèrent à une certaine hauteur, sur la pente très-inclinée de la montagne, l'ouverture d'une tanière, qu'ils présumèrent pouvoir servir de retraite à un ours. Pour s'en assurer, ils ramassèrent des pierres et en jetèrent un grand nombre dans l'ouverture de cet antre, sans que le moindre bruit leur annonçât qu'il fût habité. Persuadé que l'hôte de cette retraite était absent, un des chasseurs, plus curieux que les autres, déposa son fusil à terre, et, grimpant à l'aide des mains et des genoux, il arriva jusqu'à la caverne, dans laquelle il regarda sans rien voir, car elle était obscure et profonde. Convaincu qu'elle était vide, mais qu'elle servait de repaire à un ours, dont il reconnaissait l'odeur, il voulut la bien examiner pour une autre circonstance, et, plein de sécurité, se glissant sur le ventre, il entra dans le trou la tête la première. Mais à peine la moitié de son corps avait-elle passé dans ce couloir, qu'il remplissait presque en entier, qu'ayant levé les yeux, et regardé vers le fond de l'antre, il vit comme deux charbons ardents, qui s'avançaient vers lui au milieu de l'obscurité, et un horrible grognement, en se faisant entendre, ne lui laissa aucun doute sur la dangereuse proximité de son ennemi, dont la tête touchait presque la sienne. Ses compagnons, restés à quelques toises au-dessous, l'aperçurent aussitôt, faisant les plus grands efforts pour sortir plus vite qu'il n'était entré. Ils ne tardèrent pas à reconnaître la cause de ses brusques mouvements; car sa tête n'était pas encore entièrement sortie de l'antre, que déjà celle de l'ours apparaissait. Aussi le malheureux chasseur ne put-il penser à la fuite, car à peine était-il debout que son terrible adversaire, debout aussi, le surpassant en hauteur, l'œil en feu, la gueule béante, s'élança sur lui. Dans l'impossibilité d'éviter cette lutte effrayante, le chasseur l'accepta courageusement. Portant toute son attention à préserver sa tête des dents meurtrières du monstre, il se jeta dans ses bras, l'étreignit des siens; et collant son cou sur le cou de l'ours, il maintint fortement le côté de sa tête appuyé sur l'épaule de son adversaire. Joue contre joue, poitrine contre poitrine, cherchant mutuellement à s'étouffer dans leurs étreintes, ils perdirent l'équilibre, tombèrent sans se lâcher, et roulèrent vers le précipice en bondissant contre les pointes des rochers dont la pente rapide était semée.

Éloignés à peine d'une cinquantaine de pas, les autres chasseurs, terrifiés par cette effrayante apparition, réduits à l'impossibilité absolue de secourir leur infortuné camarade, regardaient immobiles sa terrible lutte, et s'attendaient à le voir disparaître dans le gouffre dont il touchait déjà le bord, quand un quartier de rocher plus gros que les autres arrêta un instant les deux combattants. L'ours colossal se trouvait par hasard placé en dessus; de sorte que son corps énorme couvrait entièrement le corps de notre héros, qui faisait de vains efforts pour se soustraire au poids qui l'accablait. Prompt comme la pensée, un des chasseurs saisit ce moment qui lui paraît favorable, ajuste l'ours, le coup part, et l'immobilité succède aux secousses que s'imprimaient les combattants, dont la double masse reste inanimée sur le gazon, qu'un ruisseau de sang vient bientôt rougir. Le berger n'avait cependant pas été atteint; mais épuisé par la lutte, et succombant sous le poids de son ennemi privé de vie, il venait de perdre connaissance par un long évanouissement. Quoique n'ayant reçu aucune blessure grave, le courageux adversaire de l'ours n'en fut pas moins obligé de garder le lit pendant plusieurs semaines, tant avait été grande la commotion physique et morale que lui avait imprimée cette mémorable rencontre.

Le dimanche aux Eaux-Bonnes.—Jeux, courses et danses des Ossalais.

Pour la plupart des petites villes, le dimanche est un jour où les rues sont désertes, les boutiques fermées, et les ateliers silencieux. Il résulte de cet ensemble que, pendant les trois quarts de la journée, il règne partout un air d'ennui et d'oisiveté. Il n'en est point ainsi aux Eaux-Bonnes; les dimanches y sont vraiment des jours de fête, et l'on y remarque plus de gaîté que pendant le reste de la semaine. Dès le matin, il règne un mouvement inaccoutumé; car à la nécessité des deux ou trois voyages à la source thermale se joint, pour tous les étrangers, la pieuse obligation d'aller entendre la messe dans la jolie chapelle de marbre gris-bleu qui, depuis 1829, orne le haut du village. Cette petite église, déjà trop resserrée pour la population rapidement croissante que la mode entasse aux Eaux-Bonnes pendant trois mois de l'année, est placée sous le patronage de

S. Jean-Baptiste. Un très-mauvais tableau, ornant l'unique autel, représente le précurseur du Christ, sur les bords du Jourdain, attendant les pécheurs que les eaux salutaires du fleuve vont rendre à l'innocence par l'efficacité du baptême. Pour peu que vous ayez l'imagination poétique, vous pourrez trouver là une allégorie aux bienfaisants effets des sources minérales qui coulent aussi dans le désert et qui peuvent, comme le fleuve saint, vous donner une nouvelle vie en faisant disparaître vos infirmités.

Les messes sont ici ordinairement fort nombreuses vers la fin de la saison des eaux et dans le temps des vacances : elles se succèdent depuis six heures du matin jusqu'à midi, car les Eaux-Bonnes sont alors fréquentées par de jeunes prêtres dont la poitrine est délicate, par des professeurs de séminaire que l'étude et l'enseignement ont épuisés, et enfin par des prédicateurs dont le larynx trahit le zèle, et qui viennent demander aux eaux thermales cette force d'organe dont ils ont un indispensable besoin.

Ce ne sont pas seulement les élégantes étrangères, qui, dans leur gracieuse toilette du matin, sillonnent dans tous les sens les abords de l'église; on y voit aussi une foule de jeunes paysannes aux joues roses, aux dents blanches, à l'air éveillé, toutes brillantes de l'éclat du capulet écarlate et des bigarrures du corset aux vives couleurs. Elles viennent principalement pour entendre la messe, et peut-être un peu pour recueillir les compliments dont la galerie masculine accompagne leur passage sans crainte d'effaroucher leur robuste modestie. Quelquefois aussi elles ont été attirées par l'attrait d'un prix à disputer, au milieu du jour, sur les frais gazons du jardin anglais; car ingénieux à se procurer des distractions, les riches étrangers se donnent souvent celle-ci. Entourées de toute la population estivale des Eaux-Bonnes, qui forme autour d'elles un large cercle, les jeunes Ossalaises viennent alternativement, un bandeau sur les yeux, une baguette à la main, essayer leur adresse, secondée du hasard, en s'efforçant de toucher le fragile but qui doit voler en éclats. Leurs poses, l'hésitation de la marche et des mouvements, leurs innocentes tricheries ; l'assurance de quelques-unes, le léger embarras de quelques autres ; un peu de coquetterie et le désir de la victoire chez toutes, captivent l'attention et excitent l'intérêt des spectateurs, jusqu'à ce que les bruyantes acclamations des témoins de la paisible lutte annoncent, en redoublant d'énergie, le succès de l'une des concurrentes. Détachant alors son bandeau, elle vient recevoir le prix que lui décerne la petite main blanche de quelque jeune convalescente dont les traits pâles et délicats s'animent instantanément d'une partie des couleurs qui surabondent sur les joues de l'héroïne victorieuse.

A ces jeux succèdent bientôt ceux où les jeunes pasteurs viennent développer leur force et leur adresse : tantôt liés dans un sac qui ne laisse sortir que leur tête, ils s'efforcent de saisir avec les dents un gâteau mobile qui fuit longtemps avant de se laisser atteindre; tantôt armés d'une longue et pesante barre de fer, ils la lancent à de grandes distances. Quelquefois plaçant des limites éloignées, ils se donnent le défi de les franchir dans un nombre de sauts déterminé; mais plus souvent encore, c'est à la course qu'ils déploient leur agilité.

Deux modes particuliers ont été généralement adoptés pour cet exercice. L'un, moins pénible, occupe le commencement de l'après-midi, tandis que l'autre, plus difficile, est réservé pour les heures moins chaudes qui précèdent la chute du jour. Mais pour l'un comme pour l'autre il est de rigueur que les concurrents soient revêtus du costume local des fêtes, ce qui donne plus d'éclat et d'originalité à ces joyeuses et nombreuses réunions.

Dans la première des courses, on voit l'un des pasteurs chargés des apprêts disposer sur le sol de la rue une longue rangée de quatre-vingts œufs qu'une distance d'un pied sépare exactement l'un de l'autre. Le panier qui les contenait est placé vide au haut de cette ligne, des deux côtés de laquelle la foule se range en laissant cependant un espace suffisant entre elle et la fragile rangée d'œufs que rien ne doit déranger. Les choses ainsi disposées, le sort décide quel est celui des jeunes garçons qui doit ramasser les œufs, tandis que le reste des concurrents parcourra la double distance qui sépare les Eaux-Bonnes de la première maison du village d'Aas.

Le signal donné, la troupe s'élance et disparaît bientôt derrière les premiers détours de la route, pendant que celui qui doit recueillir les œufs se hâte, avec prudence, d'accomplir la tâche qui lui est imposée. Il doit ramasser chaque œuf dans un voyage séparé, et venir le déposer dans le panier, sans qu'un seul d'entre eux soit cassé. Il fait ainsi quatre-vingts petites courses, dans chacune desquelles il est obligé de se baisser deux fois jusqu'à terre, et le temps qu'elles exigent est à peu près celui qui est nécessaire à ses concurrents pour aller au village d'Aas et en revenir.

Les premiers instants de la singulière récolte sont assez paisibles, quoique activement employés : mais les craintes et les espérances deviennent de plus en plus vives, à mesure que le nombre des œufs décroît; et quand il n'en reste plus qu' quelques-uns, la galerie partage l'émotion du jeune pasteur et porte alternativement les yeux avec anxiété sur la rangée décroissante et sur l'extrémité de la route par où doivent déboucher ses rivaux haletants. Des cris annoncent leur arrivée; les spectateurs y répondent par des encouragements qui stimulent les forces défaillantes du ramasseur d'œufs. Il fait alors des efforts inouis pour terminer sa tâche avant que ses compétiteurs n'aient pu toucher le but, tandis que ceux-ci, encouragés par le peu de chemin qui leur reste à faire, redoublent la vélocité de leur course et s'efforcent mutuellement de se dépasser. Tel est le rapport exact qui existe entre le temps nécessaire pour ces deux exercices, qu'une minute décide ordinairement de la victoire, que j'ai cependant toujours vue rester à celui qui ramasse les œufs.

Trois ou quatre heures séparent cet exercice de la course à la montagne, qui n'a généralement lieu qu'après le dîner, vers les six heures du soir. Le nombre des coureurs est toujours très-grand, et celui s prix est ordinairement de deux ou de trois. Réunis dans le jardin anglais, les jeunes pasteurs doivent de là gravir et escalader la montagne Verte, au sommet de laquelle se tiennent quelques bergers, qui doivent remettre aux premiers arrivés, des rameaux, signes et gages de la victoire. Je ne sais quelle est exactement la hauteur de cette montagne au-dessus des eaux du torrent qui mugit à ses pieds, mais elle est assez élevée pour qu'à l'œil nu il soit impossible de distinguer des hommes placés sur le sommet. Lorsqu'ils se dessinent en silhouette sur l'azur du ciel, on voit bien une petite ligne noirâtre; mais si elle ne change de place, on ne peut deviner ce qui la produit. Cette élévation nuit à l'effet de la course; car il devient impossible de suivre jusqu'au bout les coureurs, que l'œil finit par ne plus distinguer de l'herbe courte et fine dont la teinte donne son nom à la montagne. Cet inconvénient disparaît, en partie, par l'usage des lunettes d'approche, dont la plupart des étrangers sont munis. Cultivée dans la première moitié de sa hauteur, la montagne n'offre d'abord que de médiocres difficultés aux robustes Ossalais; mais lorsque la pente en devient assez rapide pour que la culture soit impossible, et quand un gazon court et glissant a remplacé le sol cultivé, alors diminue le nombre des athlètes, et, de trente ou quarante partis ensemble, il en est à peine trois ou quatre qui se disputent encore la victoire à cette élévation. Ce n'est plus une course, à ce moment, c'est une véritable escalade; dédaignant les étroits et obliques sentiers, tracés par les pieds des troupeaux, c'est à pic que grimpent les pasteurs, en s'aidant souvent des mains, et sans s'arrêter jamais. Quinze ou dix-huit minutes leur suffisent ordinairement pour atteindre le but, que touchait alors presque toujours le premier un grand et vigoureux montagnard, nommé Fourcade, dont les vastes poumons accélèrent à peine leur jeu après ce violent exercice. Portant en triomphe leurs rameaux de verdure, les deux ou trois vainqueurs descendent par bonds et par sauts les pentes rapides qu'ils viennent de gravir, et la troupe s'augmentant, à mesure qu'elle s'abaisse, des rivaux qui sont restés en chemin, finit, dans sa course rapide, par devenir une joyeuse avalanche de bergers, qui mêlent leurs chants et leurs cris aux sons aigus de l'orchestre champêtre. L'argent des prix, qu'ils reçoivent à l'entrée du village, semble leur donner une nouvelle vigueur, et la petite place du gouvernement est bientôt le théâtre de leurs danses, que la nuit seule vient interrompre.

Ces danses se renouvellent souvent aux Eaux-Bonnes, soit à l'occasion du dimanche, soit en l'honneur de la fête de quelque village voisin, dont les jeunes garçons viennent la veille, en cérémonie, offrir des bouquets aux étrangers en les invitant à assister aux jeux du lendemain. C'est, la plupart du temps, une espèce de danse de caractère, une sorte de ronde très-gracieuse, qui ne ressemble en rien aux vifs quadrilles des paysans du centre et de l'ouest de la France. Aux sons d'une musique simple, mais fortement cadencée, s'avance une longue suite de jeunes garçons et de jeunes filles se tenant par la main et formant une ligne courbe presque circulaire. C'est toujours un homme qui marche en tête, et sa danse, quoiqu'ayant au fond le même caractère que celle de ses compagnons, est cependant un peu plus savante. Souvent il se retourne et fait face à la danseuse qui le suit, et dont il tient la main; souvent aussi, et par un mouvement qui semble lui être très-naturel, quoiqu'il me paraisse fort difficile., il jette brusquement ses jambes en avant et les fait passer l'une sur l'autre. Les autres danseurs répètent ce mouvement qu'ils accompagnent de ce cri de joie sauvage dont les échos de la montagne retentissent si souvent. L'oreille des Ossalais est tellement sensible au rhythme de leur simple orchestre, qu'il semble qu'une seule volonté fasse mouvoir les jambes de tous les danseurs, tant leurs mouvements se font avec ensemble et précision. Les pas des jeunes filles sont les mêmes que ceux des garçons, seulement ils sont moins prononcés, et elles ne font jamais de ces brusques gambades accompagnées de cris, dont je parlais tout à l'heure. Après un certain nombre de tours et quand l'air est fini, le premier couple quitte la danse, qui se continue jusqu'à ce que tous les danseurs aient eu le plaisir de mener la troupe à leur tour. S'il arrive qu'à la fin il reste plusieurs jeunes filles et un seul danseur, c'est un point d'honneur pour le galant Ossalais de ne quitter la partie que lorsque chacune des villageoises a figuré la danse du premier couple; ce qui finit par devenir une véritable corvée, dont s'amusent beaucoup les jeunes filles en faveur desquelles le pauvre pasteur s'exténue et se courbature en cadence.

C'est en chantant que tous ces villageois se retirent lorsque la nuit vient donner le signal du repos, dont ils doivent avoir grand besoin. Tantôt ce sont des chœurs de jeunes garçons ou de jeunes filles, et tantôt les voix mariées des uns et des autres, dans ce qu'ils appellent la *passade*. Un jeune homme se place au milieu de deux jeunes filles dont il embrasse la taille par-derrière de chacun de ses bras, tandis que celles-ci appuient chacune un des leurs sur les épaules du jeune garçon. Ainsi unis, ils partent en chantant un couplet et s'arrêtent lorsqu'il est terminé. Pendant cette station, la chanson est continuée par trois nouveaux acteurs qui étaient restés en arrière, et qui viennent rejoindre les premiers, dont ils diffèrent seulement en ce qu'ici c'est une jeune fille qui se trouve au milieu de deux pasteurs. Il y a beaucoup de grâces dans cette marche pastorale; et quand ces trios défilent au milieu des sentiers de la montagne, ils forment de charmants tableaux. L'œil est ici beaucoup plus flatté que l'oreille, car rien n'est moins harmonieux que ces chants dont retentissent les vallons des Eaux-Bonnes. Les femmes surtout ont, en général, un chant aigre et criard, qui ne ressemble nullement à la voix si douce avec laquelle elles vous saluent quand elles vous rencontrent sur leur chemin

Mœurs et coutumes de la vallée d'Ossau, et principalement du canton de Laruns.

On donne le nom de vallée d'Ossau à ce bassin perpendiculaire à la chaîne des Pyrénées, et s'étendant depuis la côte de Sévignac, qui en fait partie, jusqu'un peu au delà de Laruns. Elle offre ainsi une longueur d'à peu près quatre lieues sur une largeur moyenne d'une demi-lieue; le gave qui porte son nom la parcourt dans toute sa longueur, et de hautes montagnes l'encadrent de tous côtés, excepté de celui du nord, qui est largement ouvert. Dix-sept villages se groupent çà et là sur les bords du gave, ou se suspendent plus ou moins haut sur le flanc des montagnes qui la bornent. Une population de seize mille âmes, presqu'entièrement pastorale et agricole, cultive non-seulement le bassin de la vallée, mais va conduire au loin, sur de hauts pâturages, les nombreux troupeaux qui font sa principale richesse. Car la vallée d'Ossau, circonscrite par la nature dans des limites assez étroites, étend ses possessions bien au delà. Indépendamment des landes de Pont-Long, situées de l'autre côté de Pau, et dont elle réclame la propriété, son territoire s'étend au midi jusqu'aux frontières d'Espagne, et fort loin du côté de l'est; de sorte que, considérée dans l'ensemble de ses dépendances, elle n'aurait pas moins de neuf lieues de long sur cinq de large. Mais, de toute cette grande superficie, la vallée seule et une petite partie de la base des montagnes qui s'inclinent de chaque côté vers elle sont cultivées; le reste consiste en montagnes couvertes de neige pendant six mois de l'année, et fournissant, dans le peu de temps qu'elles restent découvertes, un gazon court et serré que la dent des troupeaux attaque avec avidité. On conçoit que la surface cultivable étant très-bornée, et la population relativement très-nombreuse, les propriétés doivent être fort divisées, et les fortunes peu considérables. C'est ce qui a lieu en effet, et dans le canton de Laruns, par exemple, la propriété la plus imposée ne paie que cent francs de contributions. Il résulte encore de la même cause que l'industrie y est presque nulle, et que sauf quelques ouvriers indispensables, comme maçons, charpentiers, tisserands, le reste de la population s'occupe du labourage de la terre et plus encore de la conduite des troupeaux.

Quelque peu de froment, plus d'orge, beaucoup plus de maïs, et quelques champs de pommes de terre et de lin, composent toute la culture des Ossalais. Leurs terres, peu fertiles, ont besoin d'être fortement fumées, et nécessitent un grand nombre de bras, parce qu'une grande partie d'entre elles ne sont point accessibles à la charrue et doivent être remuées uniquement avec la houe. Le froment se sème en octobre, l'orge en avril et le maïs au mois de mai. La première de ces céréales ne rend ordinairement que cinq pour un, la seconde huit ou dix, quelquefois jusqu'à douze, et le maïs jusqu'à quatre-vingt-seize. Aussi est-ce lui qui fait la culture principale, malgré les travaux continuels qu'il exige.

L'arpent de terre renferme cent-vingt lattes carrées ; la latte est une mesure du pays, qui vaut treize palmes de deux tiers de pied chaque. Un arpent de terre labourable se loue douze francs pour l'année; en fonds de pré il ne vaut que quatre francs. Chaque arpent contient 3,000 pieds de maïs et, à chaque pied, on laisse deux tiges qui donnent une récolte de 6,000 cônes. Ces cônes égrenés fournissent environ vingt mesures de maïs. C'est ce grain qui fait la base de la nourriture de la classe pauvre; les pommes de terre ne servant guère que pour les porcs, qu'on nourrit pendant quatorze mois et qu'on tue vers le carnaval.

Mais c'est principalement à ses troupeaux que l'Ossalais consacre la plus grande partie de son temps. Pendant six mois de l'année, il les nourrit aux dépens de la commune, et le reste du temps avec le foin que lui ont fourni les prairies situées dans la vallée même ou que son industrie créa en quelque sorte sur le penchant des montagnes, et souvent à de grandes hauteurs. Dans ce cas, chaque petite prairie possède une grange où l'on renferme le foin récolté pendant la belle saison, et que les troupeaux viennent consommer sur place, restant enfermés dans chaque grange jusqu'à ce que l'épuisement de la provision les en chasse pour les faire entrer dans une autre. Dans les années ordinaires le printemps arrive avant l'entier épuisement des fourrages secs, chaque pasteur ayant établi un sage rapport entre ses ressources et l'importance de son troupeau; mais il vient quelquefois des années exceptionnelles, où, comme dans l'hiver de 1836 à 1837, les neiges tombent de bonne heure et ne commencent à fondre que fort tard. Alors règne une grande disette parmi les bestiaux: soumis à un régime très-sévère, ils maigrissent et vont jusqu'à mourir de faim, si le pasteur n'a pu les conduire bien loin dans la plaine, aux environs de Pau, en louant, pour les faire paître, les champs où l'on récolte le maïs, et dans lesquels l'absence des neiges et une température plus douce permet encore quelque végétation. Si l'on compte ces frais extraordinaires, les frais habituels que nécessite l'entretien des prairies et de la récolte du foin, l'impôt que chaque troupeau paie pour la jouissance des biens de la commune, la perte fréquente qu'entraînent les maladies des brebis, auxquelles beaucoup d'entre elles succombent; les dégâts que les loups et les ours font dans les troupeaux pendant l'automne, ce qu'il en coûte enfin pour nourrir et vêtir le pasteur, on trouvera qu'il lui faut une grande économie pour épargner une somme de cent francs au bout d'une année de travail, de patience et souvent de privations.

La laine des brebis n'est pas belle : elle est longue et rude, et ne se vend que cinquante francs le quintal; c'est aussi le prix que vaut leur fromage. Les agneaux vendus à la boucherie ne se paient que trois francs chaque, et un veau de dix-huit mois ne se vend, tout au plus, que cent francs. Ces prix, en général bien peu élevés, complètent l'explication du peu de bénéfices que rapportent les troupeaux.

Il n'est peut-être pas inutile d'insister sur les pertes que les animaux carnassiers font éprouver aux pasteurs. L'ours rôde sans cesse autour des troupeaux pendant la belle saison, et, malgré la garde des grands chiens des Pyrénées, il enlève souvent une brebis chaque nuit. On peut affirmer qu'il en dévore plus de cinquante, année commune, dans le canton de Laruns. Les vaches deviennent aussi quelquefois ses victimes; et dans les seuls mois de septembre et d'octobre 1820 il tua et mangea sept vaches du village de Béoste, et en blessa cinq autres: une de ces dernières courut pendant plus d'un demi-quart d'heure portant sur ses épaules l'ours qui les lui déchirait, et dont elle parvint enfin à se débarrasser en fuyant à travers les bois et les buissons. Le taureau lui même, ce chef du troupeau, n'est pas à l'abri des attaques de l'ours, qu'il combat avec courage, et dont il triomphe quelquefois. Les habitants du village que je citais tout à l'heure gardent la mémoire d'un combat de ce genre, qui eut lieu le 10 novembre 1817, entre leur taureau et un ours superbe. Le combat dura depuis huit heures du soir jusqu'à trois heures du matin, et au jour l'un et l'autre furent trouvés morts à trois cents pas de distance et couverts de nombreuses blessures.

C'est à cause de ces dangers, de la profonde solitude et de l'éloignement des moutagnes, dans lesquelles il faut vivre pendant une partie de l'année, que les hommes seuls sont employés à la garde des troupeaux; car, à l'exception de ce travail, et de ceux de faucher et de couper du bois, les femmes se livrent à toutes les occupations des hommes. Les étrangers souffrent de voir de jeunes filles employées pendant tout le jour aux Eaux-Bonnes à charrier sur leur tête les pierres et le mortier des constructions, ou descendre du haut de la montagne nu-pieds, et chargées d'énormes morceaux de sapin ou de hêtre, qu'elles transportent à travers les rochers, au risque de tomber à chaque instant dans les précipices qui bordent les sentiers tortueux et escarpés. Souvent, pendant que leurs compagnes se livrent à ces rudes travaux bien peu rétribués, les guides se reposent paisiblement à l'ombre, attendant les voyageurs, et gagnant souvent plus en quelques heures de promenade que les pauvres jeunes filles dans le labeur de toute une semaine. Ce sont aussi assez ordinairement les femmes qui vont récolter le foin et qui le portent aux granges sur leur tête, par fardeaux de quatre-vingts ou quatre-vingt-dix livres.

Ce qui est vraiment remarquable, c'est qu'au milieu de tant de fatigues les jeunes Ossalaises conservent assez longtemps leur fraîcheur et surtout la pureté et la beauté de forme qui les distinguent. Leur pied, presque toujours dépourvu de chaussure, reste petit et bien fait; leur jambe est fine et bien proportionnée, leur taille souple, et leur poitrine, que ne tortura jamais l'étui d'un corset citadin, prouve que cette invention est au moins inutile pendant la jeunesse, et qu'elle va souvent contre le but qu'elle est destinée à remplir.

Rien de plus simple, du reste, que le costume de ces jeunes filles pendant les journées d'été et le travail des champs. Un jupon court en étoffe de laine brune, une chemise fermant à coulisse au cou et aux poignets, et une espèce de voile, ordinairement en toile blanche, composent toute leur toilette; leurs cheveux sont nattés sur leurs tempes, et tombent en une longue tresse sur leur dos. Ce n'est qu'aux dimanches et aux jours de fêtes qu'apparaissent les beaux ajustements, le capulet écarlate bordé d'un ruban de taffetas rose, le mouchoir bigarré, le corset court, vif en couleur, orné de broderies plus ou moins riches; le jupon aux plis symétriques, les bas de laine blanche et les souliers fins: j'oubliais le collier à la croix d'or et quelques autres petits bijoux. Malgré son caractère très-original, ce *costume habillé* leur va, en général, assez mal; leurs vêtements semblent jouer autour de leur corps, et elles n'ont point de grâces dans leur tournure.

Les hommes, au contraire, sont vêtus tout à leur avantage. La forme élégante du béret permet de voir une chevelure brune et bouclée; leur cou sans cravate et protégé seulement par le petit collet de la chemise n'est point enfoncé dans celui de la veste écarlate qui en est dépourvue. Le gilet est de laine blanche, une ceinture rouge le marie à la culotte brune; des jarretières travaillées avec quelque prétention retiennent des bas de laine blanche, dont l'extrémité inférieure abandonne le pied pour recouvrir les bords du soulier.

Ces hommes sont ordinairement très-bien faits; et c'est probablement à l'habitude de gravir les montagnes, que leurs jambes doivent leurs heureuses proportions. En général aussi, dans la force de l'âge, ils sont mieux conservés que les femmes, dont les fatigues précoces et continues finissent enfin par altérer les traits.

L'âge mûr apporte quelque ehangement dans le costume des deux sexes. Les hommes, en vieillissant, abandonnent la veste courte et rouge pour en prendre une de couleur foncée, et tombant à larges basques sur les cuisses. Les femmes aussi renoncent au capulet qu'elles avaient porté jusque-là, et lui en substituent un de couleur noire, ou s'affublent quelquefois d'un mantelet à capuchon, orné d'une profusion de petits dessins en laine noire. Rien n'est plus bizarre que ce mantelet, dont le collet rabattu est taillé en longues dents de loup terminées par de petites houppes noires. Malheureusement le costume propre à cette contrée, sans contredit le plus beau de tous ceux des localités thermales des Pyrénées, s'altère de jour en jour, et finira par disparaître entièrement. Déjà tous les ouvriers abandonnent la culotte courte et prennent le pantalon, et il n'y a guère que les véritables pasteurs qui aient conservé le type primordial sans altération. Des villages entiers ont renoncé unanimement à la veste écarlate, et les anciens Ossalais ne peuvent voir sans peine cette tendance à l'abandon, non-seulement du costume, mais aussi des anciens usages du pays.

Les Ossalais sont très-sobres et se nourrissent mal. Leur pain, où le froment n'entre qu'en petite proportion, est noir, et encore ne fait-il pas la nourriture principale. Le maïs en pain ou en *broille*, sorte de bouillie à l'eau, est d'un usage général, et entre partout au moins pour un repas dans la journée. Le fromage de lait de brebis, un beurre blanc et sans saveur, et quelquefois un peu de lard, sont les seuls mets qu'ils se permettent. La boisson ordinaire est de l'eau ou du petit-lait. Depuis quelques années cependant, l'usage du vin s'introduit peu à peu : non que les familles en aient une provision chez elles, mais les hommes se rendent au cabaret; et les femmes, qui n'oseraient y entrer, vont quelquefois en chercher avec mystère, et le boivent en cachette.

Tout ceci n'est applicable qu'à la majorité des habitants : il y a dans chaque village quelques maisons relativement riches, et dont la nourriture est meilleure. Dans les grandes occasions même, presque tout le monde se permet un *extra*; et aux noces, aux fêtes patronales, les tables abondent en viandes rôties de toute espèce, et en vin généreux.

La constitution physique des Ossalais est assez forte; le tempérament sanguin bilieux domine chez eux. Le teint est brun, les joues colorées, les cheveux noirs ou châtains, les yeux noirs et grands, les dents fort belles. La taille est un peu au-dessus de la moyenne, le corps musclé et vigoureux. On ne voit presque pas d'exemple de la constitution lymphatique pure, même parmi les femmes; aussi sont-elles exemptes des goîtres, si communs dans presque toutes les vallées des Pyrénées.

Les maladies du système osseux, provenant de causes soit internes, soit accidentelles, sont rares, si l'on en juge par l'absence presque complète des difformités de la taille ou des membres : circonstance d'autant plus étonnante que les fractures devraient être assez fréquentes chez des hommes vivant au milieu de montagnes escarpées, et se livrant à la chasse des ours et des isards. On y voit aussi très-peu de scrofuleux, et le crétinisme y paraît inconnu.

Selon Bergeret, l'intempérie des saisons, les brouillards fréquents, et les changements subits dans la température, n'auraient point d'influence fâcheuse sur les habitants parmi lesquels la phthisie pulmonaire serait rare. Des renseignements exacts, pris sur les lieux mêmes, prouvent que si cette assertion est vraie pour quelques contrées des Pyrénées, elle n'est pas applicable aux habitants de la vallée d'Ossau, du moins à ceux qui avoisinent le plus les Eaux-Bonnes, beaucoup de jeunes gens y étant, au contraire, enlevés par cette maladie. Elle prend dans ces régions un caractère d'acuité qu'elle a rarement ailleurs, et paraît se rapporter à cette variété connue sous le nom de phthisie galopante.

Une chose vraiment remarquable, et dont la cause est encore entièrement inconnue, c'est qu'il n'est pas rare de voir une sorte d'aliénation mentale se déclarer, vers l'automne, chez des jeunes gens de 18 à 20 ans. Caractérisée par un affaiblissement graduel des facultés intellectuelles, et enfin une espèce de démence interrompue d'accès maniaques, elle n'a pas, en général, une très-longue durée, mais dans quelques cas plus rares elle se prolonge pendant plusieurs années. La fréquence, la cause, la nature et la marche de cette maladie seraient l'objet d'études fort intéressantes, et fixeront probablement l'attention des médecins qui résident dans cette localité. Cette affection a encore cela de commun avec la folie, qu'ainsi que cette maladie elle est héréditaire.

Deux affections qui ne méritent peut-être pas le nom de maladies, le cauchemar et le somnambulisme naturel, semblent être assez fréquentes ici. Le premier de ces états y est considéré par les femmes ignorantes et superstitieuses comme le résultat de quelque maléfice; et le second y a été observé dans tous ses degrés, depuis le plus simple jusqu'à celui où toutes les fonctions de relation s'exécutent pendant le sommeil comme dans la veille la plus entière.

La vaccine est d'un usage général; et si la variole apparaît encore quelquefois, elle est toujours sporadique et n'atteint que les rares individus qui n'ont point voulu se prémunir contre elle.

La longévité est très-grande dans la vallée d'Ossau; et si l'on y rencontre ordinairement peu de vieillards, c'est que, parvenus à un âge avancé, ils ne quittent guère l'intérieur de leurs maisons et ne se montrent plus aux réunions nombreuses qui attirent surtout les étrangers. Mais si l'on se rend aux églises au moment du service divin, on est étonné du grand nombre de vieillards très-âgés qui y assistent. L'expression de leur figure est généralement noble, et leur habillement, en rapport avec leur âge, n'offre jamais de ces disparates si communes et si choquantes dans les villes.

Malgré sa position avancée vers le midi, cette partie de la France, où règnent de longs hivers et des étés tempérés, n'a point d'influence sur le développement précoce de la puberté : exemple remarquable de l'action des montagnes dans la formation des climats partiels indépendants du degré de latitude.

C'est ordinairement à l'âge de trente ans pour les hommes, et à celui de dix-huit à vingt-quatre pour les femmes, que les mariages se contractent. Ils ont habituellement lieu entre les habitants des mêmes villages, et l'on dit même proverbialement dans le patois local :

Qui déhore ba maridât
Que trompe, ou quey trompât.

Les accords se font clandestinement, dans la crainte qu'ils ne réussissent pas. C'est toujours quelque ami qui fait les premières démarches et, si elles semblent favorables, les plus proches parents font les secondes, mais également en secret. Le prix moyen de la dot pour la classe pauvre est de 1,000 à 1,500 francs, et pour la classe moyenne de 2,000 à 4,000 francs. La noce est plus ou moins brillante, suivant les moyens des familles, et le nombre des convives varie par la même raison de trente à cent, ce qui peut être considéré comme les deux extrêmes. Après les cérémonies de l'église, le plus proche parent, suivi de tous les invités, mène par la main celui des deux contractants qui change de maison, le présente au plus proche parent de l'autre, et lui dit : «Puissiez-vous la reconnaître comme votre propre fille (ou fils); et toi, puisses-tu leur convenir, et faire tout pour gagner leur estime et leur affection !»

Le veuvage offre dans cette vallée ceci de particulier, que celui des deux époux qui survit est condamné à un deuil perpétuel. La circonstance d'une seconde union ne vient pas même en aide au pauvre survivant qui se voit, au milieu des joies d'un nouvel hymen, couvert de la triste livrée du veuvage.

Ce fait m'en rappelle un autre qui a lieu

aux inhumations, surtout parmi la classe la plus pauvre. Une femme (c'est souvent la mère ou la sœur de celui que recouvre le drap mortuaire) se tient, à l'église et pendant la marche du convoi, près du cercueil qui renferme à jamais l'objet de ses regrets, et lui adresse de tristes et touchants adieux. Sa voix plaintive module les expressions de sa douleur sur une sorte de rhythme convenu et dont l'effet a vraiment quelque chose de déchirant. Témoin une seule fois de ce triste spectacle, j'entendis une malheureuse mère adresser à son fils âgé de 18 ans, et mort misérablement au fond d'un précipice où il était tombé en chassant les isards, de ces paroles du cœur qui prouvent que l'éloquence est le propre des grandes passions, et peut être tout à fait indépendante de l'éducation.

Quoique pauvres et obligés à un travail continuel, les Ossalais apprécient les bienfaits de l'instruction, et, depuis plus de cent ans, toutes les communes ont une école pour les garçons; aussi trouve-t-on maintenant plus des trois quarts des hommes sachant lire et écrire. Quant aux femmes, il n'en est pas ainsi; à moins qu'elles n'appartiennent à quelque famille dans l'aisance, elles ne reçoivent nulle instruction. Celle des hommes ne se borne pas à ce qu'ils apprennent à l'école; ils aiment la lecture, sont observateurs et curieux. Leur esprit est fin, avec une tendance au persiflage. En voici un exemple rapporté par M. de L*.

« Un jour que le président des états de Béarn donnait à dîner aux représentants des communes, quelques dames de Pau eurent la curiosité d'aller voir à table ces Solon presque tous montagnards. Madame de ***, pour égayer la compagnie, s'adressa à un de ces députés, paysan renforcé et riche possesseur de troupeaux, en le priant de siffler à la manière des pasteurs, quand ils appellent leurs brebis. Le Béarnais (il était d'Ossau), fin comme ils le sont tous, s'en défendit longtemps; et, cédant aux pressantes instances de la questionneuse indiscrète, il se mit à siffler, mais très-doucement. — Quoi! vous ne sifflez pas plus fort? — Jamais, madame, quand les bêtes sont près. »

Les Ossalais partagent avec tous les montagnards le vif amour du sol natal. Ils s'expatrient fort rarement et préfèrent la pauvreté chez eux à l'aisance qu'ils trouveraient probablement ailleurs. Bien différents en ceci des Auvergnats, par exemple, qui consentent à passer une partie de leur vie loin du foyer paternel, pour y revenir plus tard riches du fruit d'un honnête et persévérant travail.

Comme dans tous les pays où la propriété est très-divisée, il y a ici des procès assez fréquents entre voisins ; mais jamais les assises ne voient paraître devant elles les habitants d'Ossau. Le vol est presque inconnu dans cette vallée, et l'on ne se souvient pas qu'aucun meurtre y ait jamais été commis. Peut-être seul en France, ce pays a conservé, dans toute sa rigueur, le droit d'aînesse. Le premier des enfants mâles hérite toujours d'un quart en sus des autres enfants, et partage ensuite avec eux le reste de la succession. S'il arrive que la famille se compose de plusieurs filles et d'un garçon issu le dernier du mariage, il n'en conserve pas moins ses droits malgré l'âge plus avancé de ses sœurs. Cet usage, en opposition manifeste aux lois qui régissent le reste du royaume, n'a jamais amené la moindre contestation, encore bien que les parties lésées sachent parfaitement qu'elles auraient le droit d'exiger un partage plus égal. Ce fait prouve, avec beaucoup d'autres, à quel point ces populations ont conservé les mœurs patriarcales. Combien de temps auront-elles encore cet attachement aux traditions des aïeux? C'est ce qu'il est impossible de dire. Déjà, ainsi que je l'ai fait remarquer plus haut, les antiques coutumes sont battues en brèche sur bien des points. Chaque jour les jeunes gens qui reviennent du service militaire, les ouvriers étrangers qu'attirent les travaux de construction à Bonnes, les riches voyageurs malades ou curieux, qui abondent pendant la saison des eaux, modifient, par leur contact répété, les idées et les goûts des habitants d'Ossau, et tendent à faire disparaître les différences qui existent encore entre eux et le reste des Français. Ainsi tout se nivelle, tout s'aplanit, tout se rapproche, depuis le sommet orgueilleux du pic le plus élevé, dont chaque hiver abaisse la cime, en remplissant la vallée de ses débris, jusqu'au pâtre obscur que l'éducation, des lois libérales et des rapports plus fréquents avec les autres hommes élèvent insensiblement à leur niveau.

Cependant, les mœurs se maintiennent encore assez pures; et s'il est malheureusement vrai que le nombre des enfants naturels ne soit pas moindre ici que dans la plupart des autres contrées, il faut se hâter de dire que tous, ou presque tous, sont légitimés par le mariage subséquent de leurs parents. Chaque fille qui devient mère déclare le nom du père de son enfant, et nulle famille dans le pays ne voudrait s'allier à celui qui, après cette faute, chercherait à contracter alliance autre part. Les rares exceptions à cette loi de toute justice n'ont guère été offertes que par des étrangers sans aveu, ouvriers ou soldats, qui fuient lâchement après avoir semé l'opprobre sur leur passage.

Les sentiments de loyauté et d'honneur que nous venons de faire connaître chez les Ossalais, leur vie patriarcale et de famille indiquent déjà une population chez laquelle les croyances religieuses sont encore dans toute leur force. La religion catholique, la seule qui existe dans cette vallée, y exerce, en effet, un grand empire; et nulle part ailleurs, si ce n'est peut-être en Bretagne, les préceptes de l'Église ne sont plus scrupuleusement observés. Toutefois, malgré les efforts des prêtres chargés de les conduire, ces âmes, à croyances fortes, s'attachent à tout ce qui est merveilleux, et la superstition étend son sceptre mystérieux sur une grande partie de la population. Elle règne surtout parmi les femmes, moins instruites que les hommes, et participant beaucoup moins qu'eux au mouvement général d'émancipation intellectuelle. Aussi la *brouche* (1), ou sorcière, inspire-t-elle ici un sentiment général de

---

(1) Peut-être faudrait-il écrire *broxe*, c'est, je crois, le véritable nom; mais tous les Ossalais écrivent et prononsont *brouche*.

terreur et d'effroi. Ce n'est pas un démon, c'est bien pis : c'est une personne frappée de réprobation dès sa naissance, et que le baptême ne purifia pas ; loin de là, ses parrain et marraine la dédièrent au diable qui s'empressa de partager avec elle une partie de son pouvoir. Aussi la brouche, qui connaît l'origine de sa puissance, ne l'emploie-t-elle qu'à faire le mal ou à tourmenter ses voisins. Elle peut se transformer en vapeur, en eau, en vent, en chien, en chat..... Beaucoup de femmes l'ont vue sous ces dernières formes et ne pouvaient même trouver de refuge dans leur chaumière, malgré la précaution d'en barricader les portes à l'approche de la nuit ; car la brouche passe aussi facilement par le trou de la serrure, que vous sous l'arc de triomphe de l'Étoile. Elle traverse même les murailles ; et plus rapide dans ses voyages que les meilleures locomotrices à vapeur, on sait, bien positivement, qu'elle peut faire cent lieues en moins d'une demi-heure. Si c'est une femme, elle enfante d'immondes reptiles ; et quel que soit son sexe, c'est à elle que l'on doit toutes ces maladies singulières que l'on voit résister aux secours de la médecine, cauchemar, somnambulisme, épilepsie. Les contusions, les égratignures, les morsures même que se font les malheureux atteints de cette dernière affection pendant leurs cruels accès nocturnes, sont montrées le lendemain, avec terreur, comme les marques incontestables des violences que la brouche a exercées sur sa victime, et augmentent encore la croyance des assistants, qui ne peuvent résister à des preuves aussi convaincantes.

Aspect de la végétation aux Eaux-Bonnes.

Quoique peu élevé dans les montagnes, le village de Bonnes est entouré d'une végétation qui porte déjà un caractère particulier et distinctif. C'est d'abord à la base des montagnes une forêt de Buis qui atteignent quelquefois une assez grande hauteur, et qui reparaissent et se multiplient incessamment malgré les feux du défrichement ou la hache du bûcheron. Un peu plus haut ils cèdent à regret la place à de beaux Hêtres d'abord isolés, mais qui, devenant de plus en plus rapprochés, forment une large zone où ils finissent par régner exclusivement. Périodiquement mutilés par la cognée du charbonnier, ces vieux arbres portent une jeune tête dont la hauteur est loin de répondre à la grosseur du tronc qui lui donne naissance. C'est de la dernière limite de ces forêts que s'élancent comme des pyramides les premiers Sapins que l'œil reconnaît autant à la teinte noirâtre de leur verdure qu'à leur tête élancée. Hôtes timides, ils n'apparaissent d'abord qu'épars et comme honteux de s'être égarés si bas; mais leur nombre augmente peu à peu avec l'élévation du sol et à mesure que les hêtres deviennent plus rares. Devenus enfin seuls maîtres des régions battues par les vents et mouillées par les nuages, ils laissent à peine croître à leurs pieds l'obscur et modeste *Monotrope* qui vit aux dépens de leurs racines. Quelques-uns de ces Sapins, chargés des longs festons d'une mousse grisâtre, qui s'étend sur leurs rameaux, atteignent une grosseur énorme et une prodigieuse élévation. Vénérables doyens de ces antiques forêts, ils apparaissent çà et là au milieu des générations nouvelles, dont la verdure foncée contraste avec la teinte grisâtre de leurs branches rares et chargées de plantes parasites. Du pied de la montagne jusqu'au point où se trouvent les Sapins, les végétaux ont pris graduellement une taille de plus en plus élevée; mais ici la progression s'arrête tout à coup, et, par une brusque transition, l'œil descend de la cime des Pins aux humbles tiges des Rhododendrons, qui, avec les Arbousiers plus petits encore, sont les derniers végétaux ligneux de ces régions où s'ébattent les sauvages et nombreux troupeaux d'isards.

Ce sont ces grandes masses de verdure qui forment les principaux traits du tableau; mais si nous voulons maintenant entrer dans les détails de la végétation herbacée, nous nous trouverons au milieu de tant de richesses, que nous serons forcés d'esquisser seulement à grands traits, renonçant, à regret, à toutes les particularités qui ne peuvent trouver place ici.

Presque toutes les montagnes qui avoisinent les Eaux-Bonnes sont ornées d'une végétation dont la fraîcheur est vraiment délicieuse. Lorsque la plaine, abattue sous les feux de la canicule, n'offre aux yeux fatigués qu'une teinte d'un gris roussâtre ou l'or des moissons, les Eaux-Bonnes sont parées d'un tapis de verdure printanière émaillé de mille fleurs aux couleurs vives et tranchantes. A peine la faux a-t-elle dépouillé les prairies situées sur le penchant des montagnes, du premier tribut qu'elles offrent aux pasteurs, qu'une foule de petits ruisseaux, descendant des hauteurs, y fait renaître bientôt de nouvelles moissons de verdure et de fleurs. Dépouillées trois fois dans le cours d'un été, trois fois elles se couvrent en quelques jours d'un épais manteau de verdure qui cache leur nudité.

Les champs cultivés eux-mêmes n'interrompent point cette verdure estivale ; car, bornés aux derniers plans de la montagne de Béoste, ils sont en petit nombre et couverts des tiges élancées du Maïs aux larges feuilles, aux panaches élégants, et dont la récolte n'a lieu qu'en automne lorsque déjà les étrangers ont abandonné les Eaux-Bonnes. Clos, pour la plupart, de petits murs en pierres sèches, ces champs sont entourés d'une ceinture de Saponaires et de Mauves musquées, qui, naissant sous la protection des humbles murailles, les a bientôt cachées au milieu de ses bouquets de fleurs roses et odorantes.

Mais ce n'est point dans les lieux où l'homme a modifié la nature du sol qu'il faut chercher la végétation propre à ces localités ; c'est dans ceux, au contraire, où, dédaignée ou rebelle, elle jouit encore de toute sa liberté. Là, et dès la base des montagnes, se montrent déjà, parmi quelques plantes de la plaine, celles qui donnent une physionomie particulière à la Flore de ce pays. Aux Pinguicules à grandes fleurs se mêle bientôt la Saxifrage velue; l'Erine des Alpes détache partout ses bouquets roses des flancs du rocher sur lequel il se cramponne, et la corolle blanche des Parnassies ressort avec éclat sur le fond brunâtre des Mousses. Aux bords des ruisseaux, l'élégante Ancolie des Alpes balance son unique fleur améthiste à côté de la Saxifrage ombreuse, tandis que, se redressant près d'elles, le Cresson à larges feuilles attire les regards par les nuances délicates de ses pétales onguiculés. Sur la fraîche lisière des premiers bois, croît à l'ombre le bel Orobe à fleurs jaunes avec la grande Valériane des Pyrénées; et dans les clairières paraît, au milieu des grelots de la Bruyère de Daboëce, la grappe tendrement purpurine des diverses Pyroles.

A mesure qu'on s'élève dans les sentiers de la montagne, les fleurs deviennent ou plus grandes ou plus admirablement délicates. L'éclat de la corolle bleue de la Gentiane sans tige la fait reconnaître, quoique cachée sous les Fougères parmi lesquelles elle se plaît ainsi qu'un grand nombre de ses sœurs. Les ravins, naguère dépouillés par les torrents, se parent de l'or des Cistes ou de la pourpre de l'Anthyllis vulnéraire, dont la corolle se teint dans les montagnes d'une couleur qu'elle ne porte point dans la plaine. Le Trèfle des Alpes, aux racines sucrées, mêle ses étendards brillants comme des rubis aux petits Astragales humbles et rampants comme lui.

C'est plus haut encore qu'il faut se rendre si l'on veut trouver en foule les jolies plantes alpines dont abondent les sommités de la montagne de Las Pobs ou les frais pacages de Ger. Cachée dans les fissures, la Primule visqueuse élance sa hampe du milieu de ses feuilles découpées en pointes aiguës comme le roc d'où elles s'échappent. Tout près d'elle le Lychnis à feuilles de nummulaire livre ses tiges délicates au souffle des vents, tandis qu'au-dessus de lui encore la rosette de feuilles de la Saxifrage pyramidale supporte la riche girandole de ses innombrables fleurs blanches. La famille nombreuse et variée de cette dernière plante se groupe sur les rochers, chacune des espèces cherchant l'exposition qui lui est propre, et puisant seulement dans les nuages l'humidité dont elle a besoin pour croître, et qu'elle ne peut trouver dans les étroites fissures qui lui servent à s'implanter.

Au pied de ces rochers s'étendent les courtes et moelleuses pelouses du Silène des Pyrénées, dont le vert est bigarré par le carmin de ses petites fleurs si jolies. Çà et là les bouquets en miniature de la Primevère farineuse apportent leur nuance délicate à ce tapis qu'embellissent encore et le tube bleu de la Scille printanière, et l'éblouissante blancheur de la Renoncule des Pyrénées.

Dans les éboulements sablonneux, et parmi les fragments de pierre, la Violette à éperon et l'Oseille scutiforme trouvent le moyen de végéter au pied des rochers élevés dont les fentes laissent échapper les tiges ligneuses du Chèvrefeuille des Alpes et de la Rose sans épines. Souvent dans les mêmes lieux s'élance vers le ciel la corolle azurée de l'Iris xyphoïde, au voisinage de la belle Carline à feuilles d'acanthe, qui semble emprunter au soleil, sous lequel elle s'épanouit, l'or de ses innombrables fleurons.

Enfin arrivés au sommet des pics décharnés de Ger ou d'Auçubat, dont les têtes altières défient les vents et les orages, nous trouvons accrochés à leurs flancs arides un petit nombre d'espèces rares, trésor précieux pour le botaniste, la Drave des Pyrénées, la Saponaire élégante, l'Androsace velue, la Saxifrage du Groënland et la Renoncule glaciale (1).

Mais pourquoi m'arrêté-je à ces descriptions trop longues pour ceux qui n'ont

---

(1) La Renoncule glaciale ne paraît pas trouver au-dessous de mille cinq cents toises les conditions météorologiques favorables à son existence. La Saxifrage du Groënland a une tolérance frigorifique égale, sans doute, à celle de la R. glaciale, puisqu'elle l'accompagne sur les plus hauts sommets, et de plus elle supporte mieux la chaleur, puisqu'elle descend jusqu'à mille trois cent cinquante toises environ, par conséquent près de cent cinquante toises plus bas que la Renoncule. Elle n'atteint pas cependant mille trois cent vingt-six, puisqu'elle ne se trouve pas au pic d'Anie. LÉON DUFOUR.

pas le bonheur de cultiver la botanique, et beaucoup trop incomplètes pour les amis de cette science ? A peine ai-je nommé une espèce que vingt autres, qui rivalisent avec elle, se présentent à ma mémoire et viennent réclamer le même avantage. Pour ne pas être injuste il faudrait les nommer toutes, et j'y trouverais un véritable plaisir; car à chacune d'elles se rattache le souvenir du bonheur que me causa leur première vue, et de l'oubli des souffrances que je leur dus pendant quelques instants. Que de jouissances douces et pures le botaniste ne trouve-t-il pas où d'autres yeux que les siens se promènent avec indifférence! Est-il une autre science qui donne autant de charmes aux promenades, qui peuple aussi vite la plus profonde solitude ou qui calme mieux le trouble des passions? L'hiver même n'interrompt pas les paisibles distractions qu'elle procure, car, indépendamment des innombrables cryptogames qui fleurissent alors, le botaniste retrouve, en parcourant son herbier, tous les végétaux qu'il recueillit pendant la belle saison, et dont chacun lui rappelle un site différent.

Plus de cinq cents espèces, la plupart alpines, décorent et enrichissent les environs des Eaux-Bonnes. Par un bonheur inoui pour les botanistes, il se trouve près de cette localité, dans le petit hameau de Bagés, un homme distingué qui connaît parfaitement toutes les plantes des montagnes environnantes, et dont l'obligeance et la modestie égalent le mérite.

Gaston Sacaze, simple pasteur, n'a reçu, comme tous les Ossalais, que cette instruction puisée dans les petites écoles, et bientôt interrompue, vers l'âge de douze ans, par la nécessité de se livrer aux travaux des champs. Doué par la nature des plus heureuses dispositions, il trouva dans ces connaissances élémentaires le moyen de satisfaire un ardent besoin de savoir qui fut, dès sa première jeunesse, une passion dominante chez lui. Il acquit ainsi, seul et sans maître, une foule de notions exactes qui le rendaient déjà fort supérieur aux autres pasteurs ses compagnons, lorsqu'une circonstance accidentelle fit éclore chez lui l'amour de la botanique.

Nulle science ne semblait mieux faite pour lui plaire, à lui enfant des montagnes, et passant la plupart de ses jours au milieu des vallons pyrénéens, en gardant les nombreux troupeaux de son père. Aussi les plantes, qu'il foulait naguère aux pieds avec indifférence, ou que son regard distrait remarquait à peine aux flancs des rochers qu'elles décorent, devinrent-elles bientôt l'objet de toute son attention. Sa curiosité fut vivement piquée par les merveilles qu'il découvrit au sein des fleurs, et qui, malgré tous ses efforts, restaient des mystères pour lui. Quelques conversations avec des pharmaciens du voisinage le mirent sur la voie scientifique; des ouvrages élémentaires de botanique dessillèrent ses yeux: et telle fut sa volonté de vaincre tous les obstacles qu'il consacra les longues veillées de deux longs hivers à l'étude de la langue latine, dans le seul but de comprendre les descriptions de la Flore pyrénéenne de Lapeyrouse.

Il l'entendit enfin, cette langue des savants, et à partir de cette époque Gaston Sacaze fit de rapides progrès dans la science des Tournefort, des Linné et des Jussieu. Les difficultés que rencontre toujours celui qui n'a d'autre maître que lui-même se sont évanouies peu à peu dans les conversations que notre studieux pasteur a eues avec le peu de botanistes qui ont fréquenté les Eaux-Bonnes, et maintenant c'est lui qui peut, à son tour, aplanir les obstacles à ceux qu'il eût autrefois consultés. Passant sa vie au milieu des montagnes, et faisant à toutes les époques de l'année de longues excursions, il connaît parfaitement toutes les localités où se trouvent telles ou telles espèces. Habitué à voir les mêmes plantes à toutes les hauteurs où elles peuvent croître, et à toutes les expositions, il sait quelles modifications elles reçoivent de ces diverses circonstances; et il distingue à merveille ce qui est espèce, de ce qui n'est que variété. Enfin bornant ses recherches aux plantes de la montagne, dont le nombre est relativement borné, son instruction a gagné en profondeur ce qu'elle n'a pas en étendue. Personne ne peut aussi bien que lui donner une Flore exacte de la vallée d'Ossau et des montagnes qui la circonscrivent ou l'avoisinent. Sa modestie l'empêche encore de se livrer à ce travail, pour lequel il possède cependant de nombreux matériaux et dont l'exécution, au reste, ne peut que gagner à être différée, puisque chaque jour apporte son tribut de connaissance à cet homme tout à fait supérieur aux autres pasteurs parmi lesquels s'écoule sa vie laborieuse et cachée.

A défaut de Flore j'ai pensé que les botanistes trouveraient ici avec plaisir un catalogue des plantes qui croissent dans un rayon d'une lieue aux environs des Eaux-Bonnes, avec l'indication de la localité où chaque espèce se trouve en plus grande abondance. Le temps assez long que j'ai passé dans ces montagnes, et les notes que m'a fournies M. Gaston Sacaze, m'ont permis d'ajouter plus de deux cents espèces à celles que mon savant confrère M. Léon Dufour avait déjà indiquées dans l'intéressante notice qu'il publia naguère (1); comme lui, j'ai suivi l'ordre et la

(1) Lettre à M. le docteur Grateloup sur des excursions au pic d'Anie et au pic Amoulat, dans les Pyrénées, par M. Léon Dufour. Bordeaux, 1836.

nomenclature adoptés par M. Duby dans son *Botanicon gallicum.* Je sais que ce catalogue est loin d'être complet, mais je crois qu'il renferme, à peu près, toutes les bonnes espèces, les omissions portant principalement sur les plantes communes que l'on trouve presque par toute la France et qui, par cela même, ont moins fixé mon attention.

Je ne puis terminer cet article sans recommander aux botanistes qui voudraient herboriser dans ces localités, le nommé Joseph Fourcade, de la commune d'Aas, qui m'a servi de guide dans toutes mes excursions. Cet homme connaît très bien les montagnes, son corps paraît infatigable, et je ne saurais trop me louer de sa douceur et de sa probité.

CATALOGUE DES PLANTES

Qui croissent dans la vallée d'Ossau et dans les montagnes qui avoisinent les Eaux-Bonnes (1).

1 * Thalictrum aquilegifolium. Lin. — Pembécibé.
2 * — minus. Lin. — Rochers de Balour.
3 * Anemone alpina. Lin. — Pembécibé.
4 * — vernalis. Lin.
5 * — narcissiflora. Lin. — Gesc — Pembécibé.
6 — ranunculoides. Lin. — Gesc.
7 * Hepatica triloba. D. C. — Gesc, dans les lieux frais.
8 * Ranunculus Thora. Lin. — Ger et col d'Arvas.
9 — glacialis. Lin. — Col d'Aas.
10 * — alpestris. Lin. — Pembécibé.
11 * — aconitifolius. Lin. — Gesc.
12 * — pyrenæus. Lin. — Col d'Arvas.
13 * — parnassifolius. Lin. — Aucubat.
14 * — montanus. Wild. — Gesc.
15 * — Gouani. Wild. — Gesc.
16 * Trollius europæus. Lin. — Pembécibé.
17 Helleborus viridis. Lin. — Sur les rives du gave.
18 — fœtidus. Lin. — Aux prairies de Béoste.
19 Aquilegia vulgaris. Lin. — Id.
20 * — alpina. Lin. — Pacages de Gesc. — Commune.
21 Aconitum Anthora. Lin. — Rochers de Lassive.
22 — Lycoctonum. Lin. — Près le col de Louvie.

(1) Les noms précédés d'un astérisque sont ceux des espèces déjà indiquées par M. Léon Dufour, comme se trouvant aux environs des Eaux-Bonnes.

23 * Aconitum pyrenaicum. Lam. — Pentes de Pembécibé.
24 — paniculatum. Lam. — Au sommet d'Aas.
25 — Napellus. L. — Entre les cols de Tortes et d'Arvas.
26 * Meconopsis cambrica. Vig. — Commun près les Eaux-Bonnes.
27 Turritis glabra. Lin. — Eaux-Bonnes.
28 * Arabis alpina. Lin. — Eaux-Bonnes. — Pembécibé, etc.
29 — auriculata, var. recta. Villd.
30 Cardamine bellidifolia. Lin.
31 * — resedifolia. Lin. — Aucubat.
32 * — impatiens. Lin. — Eaux-Bonnes.
33 * — latifolia. Vahl. — Sources Discoo.
34 — thalictiordes. All.
35 * Dentaria pinnata. Lam. — Eaux-Bonnes; bords de la Sourde.
36 — digitata. Lam. — Id.
37 Alyssum montanum. Lin. — Col d'Arvas.
38 * Draba aizoides. Lin. — Ger.
39 — tomentosa. Wahleub. — Ger et Pembécibé.
40 * Cochlearia saxatilis. Lam. — Pacages de Gesc.
41 Hutchinsia alpina. Brown. — Rochers alpins. — Ger.
42 * Iberis spathulata. Berg. — Ger.
43 — amara. Lin. — Commun. — Eaux-Bonnes.
44 * Biscutella lævigata. Lin. — Annouillas.
45 Hesperis matronalis. Lam. — En face la cascade Discoo.
46 * Sisymbrium obtusangulum. Schleich. — Eaux-Bonnes.
47 * — acutangulum. D. C. — Eaux-Bonnes. Commun.
48 * Erysimum lanceolatum. D. C. — Ger.
49 * Helianthemum canum. — Dun. — Las Pobs.
50 — vulgare. Gærta. — Eaux-Bonnes.
51 * Viola biflora. Lin. — Annouillas.
52 * — cornuta. Lin. — Annouillas. — Plaine de Larresèque.
53 Reseda lutea. Lin.

54 Reseda glauca. Lin. — Montagne de Béoste.
55 — sesamoides. D. C. — Col de Tortes.
56 Drosera rotundifolia. Lin. — Bords du Valentin. — Gazons humides.
57 Parnassia palustris. Lin. — Eaux-Bonnes, partout.
58 Polygala vulgaris. Lin. — Eaux-Bonnes, partout.
59 Gypsophila fastigiata. Lin. — Las Pobs.
60 * — repens. Lin. — Pembécibé.
61 — Saxifraga. Lin.
62 Dianthus prolifer. Lin. — Rive droite du gave, près le pont de Béoste.
63 — Armeria. Lin. — Béoste.
64 — barbatus. Lin. — Hournatet, montagne de Béoste.
65 * — deltoides. Lin. — Pembécibé.
66 * — superbus. Lin — Bois de Bagés. — Eaux-Bonnes.
67 — monspessulanus. Lin.
68 Saponaria officinalis. Lin. — Le long des petits murs des champs cultivés.
69 * — cœspitosa. D. C. — Annouillas. — Aucubat. — Ger.
70 * Silene acaulis. Lin. — Ger et autres hautes montagnes.
71 — nutans. Lin. — Eaux-Bonnes.
72 — quadridentata. D. C.
73 — rupestris. Lin. — Rochers élevés.
74 * — Saxifraga. Lin. — Eaux-Bonnes, bords de la Sourde.
75 Lychnis sylvestris. Hope. — Eaux-Bonnes, commun.
76 * — pyrenaica. Berg. — Rochers très-élevés. Cascade de Larresèque.
77 — alpina. Lin. — Sur les rochers à Gabas.
78 — Flos cuculi. Lin.
79 Stellaria media. Smith.
80 — graminea. Lin.
81 * Arenaria laricifolia. Lin. — Pembécibé.
82 * — striata. Ser. — Ger.
83 * — grandiflora. Lin. — Col d'Arvas. — Annouillas.

84 * Arenaria purpurascens. Ram. — Pembécibé.
85 * — ciliata. Lin. — Ger.
86 * Cerastium lanatum. Lin. — Sommets de Pembécibé, Aucubat.
87 * — alpinum. Lin.—Pacages humides, Gesc, Annouillas.
88 Linum usitatissimum. Lin.— Dans les prairies, çà et là.
89 — catharticum. Lin.—Eaux-Bonnes, partout.
90 Malva moschata. Lin. — Près les petits murs de clôture.
91 Hypericum perforatum. Lin.
92 * — nummularium. Lin.—Rochers humides. — Eaux-Bonnes.
93 * — montanum. Lin. — Eaux-Bonnes, dans les bois.
94 * — fimbriatum. Lam. Id.
95 Acer pseudoplatanus. Lin.
96 * Geranium sanguineum. Lin. — Eaux-Bonnes.
97 * — cinereum. Cav.— Col de Tortes.—Ger.
98 * — nodosum. Lin. — Pembécibé.
99 * — phœum. Lam. — Eaux-Bonnes, un peu haut.
100 * — sylvaticum. Lin. — Eaux-Bonnes.
101 — prateuse. Lin.
102 * — pyrenaicum. Lin. — Eaux-Bonnes.
103 Impatiens noli tangere. Lin. — Bords ombragés du Valentin.
104 Oxalis corniculata. Lin. — Le long des chemins d'Aas.
105 — acetosella. Lin. — Bagés.
106 Ilex aquifolium. Lin.— Bois.
107 Rhamnus alaternus. Lin.
108 * — alpinus. Lin. — Pembécibé. — Annouillas.
109 Genista hispanica. Lin. —Pousadères de Louvie.
110 * — tinctoria. Lin. — Vallée d'Ossau.
111 — prostrata. Lam.
112 * — pilosa. Lin.—Eaux-Bonnes, pelouses.
113 * Cytisus capitatus. Jacq. — Balour.

114 * Ononis rotundifolia. Lin. — Pembécibé.
115 * — striata. Gouan. — Annouillas. — Chemin des Eaux-Chaudes.
116 — minutissima. Lin. — Ger. Pembécibé.
117 Anthyllis montana. Lin. — Eaux-Bonnes.
118 — vulneraria, var. Rubriflora. D. C. — Partout.
119 Trifolium Lagopus. Pourr. — Eaux-Bonnes.
120 — ochroleucum. Lin. — Id.
121 * — medium. Lin. — Pentes de Gesc. — Pembécibé.
122 — repens. Lin.
123 * — montanum. Lin. — Eaux-Bonnes.
124 * — alpinum. Lin. — Sur toutes les montagnes.
125 * — badium. Schrab. — Pacages d'Annouillas.
126 — agrarium. Lin. — Col d'Arvas.
127 * Lotus corniculatus. var. Alpina. Schleich. — Eaux-Bonnes.
128 * Oxytropis montana. D. C. — Pacages de Gesc.
129 — campestris. D. C. — Lassive.
130 * Astragalus aristatus. L'Her. — Ger et Annouillas.
131 * — monspessulanus. Lin. — Montagne Verte.
132 Ornithopus perpusillus. Lin. — Eaux-Bonnes.
133 Hippocrepis comosa. Lin. — Eaux-Bonnes.
134 Onobrychis sativa. Lam. — Rochers près le col de Tortes.
135 * Vicia cassubica. Lin. — Eaux-Bonnes.
136 — Gerardi. Jacq.
137 — onobrychioides. Lin. — Montagne Verte.
138 * — pyrenaica. Pourr. — Annouillas.
139 Lathyrus sylvestris. Lin. — Eaux-Bonnes.
140 — latifolius. Lin. — Près le pont d'Aas.
141 — hirsutus. Lin.
142 * Orobus luteus. Lin. — Bords du Valentin, en descendant de la cascade des Eaux-Bonnes.
143 * — niger. Lin. — Gesc.

144 Orobus tuberosus. Lin. — Eaux-Bonnes. — Partout.
145 — ensifolius. Ser.
146 * Spirea aruncus. Lin. — Gesc. — Cascades du Valentin.
147 * Dryas octopetala. Lin. — Sur toutes les hautes montagnes.
148 Geum urbanum Lin. — Eaux-Bonnes. — Commun.
149 — rivale. Lin. — Col d'Aubisque, de Béoste.
150 — pyrenaicum. Ram. — Col de Lêyt, de Béoste.
151 * — montanum. Lin. — Pembécibé. — Col d'Arvas.
152 Rubus idœus. Lin. — Bois très-élevé.
153 * — saxatilis. Lin. — Pembécibé.
154 Fragaria vesca. Lin. — Commun partout.
155 * Potentilla minima. Hall. — Ger. — Pelouses alpines.
156 * — verna. Lin. — Eaux-Chaudes.
157 * — fruticosa. Lin. — L'Attracan, sur les grosses pierres.
158 * — rupestris. Lin. — Pembécibé. — Rochers subalpins.
159 * — alchimilloides. Lapeyr. — Ger. — Aucubat.
160 * — nivalis. Ser. — Col d'Arvas. — Aucubat.
161 Alchemilla vulgaris. Lin. — Çà et là sur les montagnes.
162 — hybrida. Hoffm. — Id. — Assez commune.
163 * — alpina. Lin. — Id. — Plus commune.
164 * Rosa alpina. Lin. — Pembécibé, Ger, Annouillas.
165 — tomentosa. S. M. — Promenade Grammont.
166 Amelanchier vulgaris. Mœnch. — En face la grotte Castellane.
167 Pyrus Aria. Ehr. — Çà et là dans les bois.
168 — Chamæmespilus. — Rochers subalpins.

169 * Epilobium spicatum. Lam. — Bords du Valentin.
170 * — alpinum. Lin. — Annouillas.
171 * — origanifolium. Lam. — Id.
172 Circea lutetiana. Lin — Eaux-Bonnes.
173 * — alpina. Lin. — Gesc, pentes ombragées.
174 * Tamarix germanica. — Bords du gave d'Ossau.
175 * Paronychia polygonifolia. D. C. — Ger. — Annouillas.
176 * — serpillifolia. Poir. — Col d'Arvas.
177 * Umbilicus sedoides. — Rochers alpins. — Pembécibé. — Rare.
178 * Sedum hirsutum. All. — Eaux-Bonnes.
179 * — turgidum. D. C. — Pembécibé, crêtes des rochers.
180 * — dasyphyllum. Lin. — Eaux-Bonnes. — Gesc.
181 * — atratum. Lin. — Pembécibé. — Crêtes des rochers.
182 * — repens. D. C. — Crêtes d'Aucubat.
183 * — altissimum. Lam. — Eaux-Bonnes.
184 * Sempervivum arachnoideum. Lin. — Crêtes d'Aucubat.
185 — montanum. Lin. — Larresèque.
186 — tectorum. Lin. — Çà et là, montagnes élevées.
187 * Ribes alpinum. Lin. — Las Pobs. — Pembécibé.
188 * Saxifraga oppositifolia. Lin. — Crêtes alpines, Pembécibé.
189 * — Cotyledon. Lin. — Eaux-Bonnes. — Partout.
190 * — longifolia. Lapeyr. — Col d'Arvas.
191 — mutata. Lin. — Id.
192 — ambigua. D. C.
193 * — aretioides. Lapeyr. — Près les ruisseaux sur les hauteurs.
194 — luteo-purpurea. Lapeyr.
195 * — cæsia. Lin. — Ger.
196 * — muscoides. Wulf. — Rochers de Ger.
197 * — exarata. Vill. — Annouillas. — Pembécibé.

198 * Saxifraga groenlandica. Lin. — Aux plus hauts sommets de Ger.
199 * — ajugæfolia. Lin. — Pelouses humides. — Ger. — Annouillas.
200 — granulata. Lin. — Constans, montagne de Béoste.
201 — cuneifolia. Lin. — Lac des Anglas.
202 * — umbrosa. Lin. — Gesc.
203 * — hirsuta. Lin. — Eaux-Bonnes, partout.
204 * — aizoides. Lin. — Près les ruisseaux.
205 Chrysosplenium oppositifolium. Lin. — Bords des ruisseaux.
206 * Laserpitium asperum. Crantz.
207 — glabrum. Crantz.
208 Siler trilobum. Scop. — Gesc.
209 Heracleum pyrenaicum. Lam. — Rochers de Lassive.
210 * Buplevrum pyrenæum. Gou. — Gesc.
211 — graminifolium. Vahl. — Rochers de Lassive.
212 * — ranunculoides. Lin.
213 * — caricifolium. — Gesc.
214 Pimpinella rubra. Hop. — Annouillas.
215 * — dioica. — Aucubat, Pembécibé.
216 Athamanta decipiens. Vill. — Rochers de Lassive.
217 * Ligusticum pyrenaicum. Gou. — Gesc.
218 Meum tenuifolium. Duby.
219 Seseli Libanotis. Koch. — Rochers de Lassive.
220 Chærophyllum hirsutum. Lin. — Bords des ruisseaux.
221 Astrantia major. Lin. — Commun, Eaux-Bonnes.
222 — minor. Lin. — Col d'Arvas.
223 Sanicula europea. Lin. — Eaux-Bonnes.
224 * Eryngium Bourgati. Gou. — Annouillas.
225 Hedera helix. Lin. — Bois.
226 * Sambucus racemosa. Lin. — Bords du Valentin.
227 * Lonicera pyrenaica. Lin. — Rochers élevés.
228 Galium vernum. Scop.
229 — verum. Lin. — Sur toutes les montagnes.
230 * — pumilum. Lam. — Annouillas.

231 * Galium læve. Thuil. — Pembécibé.
232 — supinum. Lam.
233 * — Bocconi. All. — Eaux-Bonnes.
234 * — linifolium. Lam. — Id.
235 * — saxatile. Lin. — Annouillas.
236 — hercynicum. Weig. — Id.
237 Asperula lævigata. Lin. — Eaux-Bonnes.
238 — hirta. Ram.
239 * — cynanchica. Lin. — Rochers de Lassive.
240 * Valeriana pyrenaica. Lin. — Bords du Valentin.
241 * — globulariæfolia. D. C.
242 * — montana. Lin. — Eaux-Bonnes, commune.
243 Scabiosa columbaria. Lin. — Eaux-Bonnes.
244 * — pyrenaica. All. — Id.
245 * — lucida. Vill. — Pembécibé.
246 — succisa. Lin. — Montagne Verte.
247 * Knautia sylvatica. Duby. — Eaux-Bonnes.
248 — arvensis. Coult. — Id.
249 — hybrida. Coult.
250 Cephalaria leucantha. Lin. — Eaux-Bonnes.
251 Cacalia alpina. Jacq. — Bords du Valentin et de la Sourde.
252 * — Petasites. Lam. — Cascade du Valentin.
253 Tussilago Farfara. Lin. — Eaux-Bonnes.
254 — alpina. Lin. — Goursi.
255 — Petasites. Hop. — Montagne de Béoste.
256 — nivea. Hop. — Ruisseaux ombragés. — Ger.
257 Cineraria campestris. Retz. — Bagés.
258 — alpina. W. — Col d'Arvas.
259 * Senecio artemisiæfolius. Pers. — Pembécibé.
260 * — viscosus. Lin. — Eaux-Bonnes.
261 — Tournefortii. Lapcyr. — Id.
262 * — Doronicum. Lin. — Pembécibé.
263 Doronicum austriacum. Jacq. — Lac des Anglas.
264 Arnica scorpioides. Lin. — Soum. — Dandreit. — Béoste.
265 * — montana. Lin. — Montagne Verte.

266 * Aster alpinus. Lin. — Gesc, fort abondant là.
267 — pyrenæus. Desf.
268 * Erigeron acre. Lin. — Eaux-Bonnes.
269 * — alpinum. Lam. — Ger.
270 Bellis perennis. Lin.
271 * Gnaphalium dioicum. Lin. — Pembécibé.
272 * — Leontopodium. Jacq. — Gesc, fort abondant.
273 * Anthemis montana. Lin. — Crête d'Aucubat.
274 Anacyclus radiatus. Lois.
275 * Carduus carlinoides. Gou. — Ger.
276 * — acanthoides. Lin. — Eaux-Bonnes, ruisseaux.
277 * — medius. Gou. — Eaux-Bonnes.
278 Centaurea montana. Lin. — Col d'Arvas.
279 — intybacea. Lam. — Id.
280 — nigra. Lin. — Commune.
281 Carlina acanthifolia. All. — Annouillas.
282 * — acaulis. Lob. Id. Plus commune.
283 * Sonchus Plumieri. Lin. — Montagne Verte, pentes au nord.
284 * Prenanthes purpurea. Lin. — Bords du Valentin.
285 Pterotheca nemausensis. Cass. — Col d'Arvas.
286 * Hieracium saxatile. Vill. — Balour. — Annouillas.
287 * — amplexicaule. — Revers méridional de Pembécibé.
288 * — pyrenaicum. — Pentes de Gesc.
289 * — Jacquini. — Rochers alpins. — Annouillas.
290 * — lampsanoides. — Gesc.
291 * — villosum. Lin. — Balour.
292 * — paludosum. — Gesc.
293 Auricula. D. C.
294 * — cerinthoides. — Rochers de diverses régions.
295 * — prunellæfolium. Gou. — Annouillas.
296 Tragopogon pratense. Lin. — Col d'Arvas.
297 * Leontodon squammosum. Lam. — Pembécibé, crêtes.

298 * Jasione humilis. Pers. — Pembécibé.
299 * Phyteuma hemisphærica. Lin. — Gesc. — Col d'Arvas.
300 — pauciflora. Lin.
301 * — orbicularis. Lin. — Eaux-Bonnes.
302 — spicata. Lin. — Montagne Verte, pente du nord.
303 Campanula Cervicaria. Lin. — Eaux-Bonnes.
304 — petræa. Lin. — Id.
305 * — linifolia. Lam. — Pembécibé.
306 — Trachelium. Lin. — Commune. Id.
307 — rotundifolia. Lin. — Id.
308 * — pusilla. Jacq. — Annouillas.
309 — hederacea. Lin.
310 * — glomerata. Lin. — Eaux-Bonnes. — Prés humides.
311 * Vaccinium uliginosum. Lin. — Goursi.
312 — Myrtillus. Lin. — Id.
313 — Vitis idœa. Lin. — Id. — Partout.
314 Empetrum nigrum. Lin. — Pembécibé.
315 * Arbutus alpina. Lin. — Id.
316 * — Uva ursi. Lin. — Id. plus commun.
317 * Pyrola secunda. Lin. — Promenade Grammont. — Balour.
318 * — minor. Lin. — Id. Pembécibé.
319 Erica vagans. Lin. — Commune.
320 Calluna Erica. D. C. — Id.
321 Menziesia Daboci. D. C. — Laccaseite, montagne de Louvie.
322 Rhododendron ferrugineum. Lin. — Sur tous les sommets.
323 Monotropa hypopitys. Lin. — Bois de sapins.
324 Chlora perfoliata. Lin. — Pelouses. — Eaux-Bonnes.
325 Gentiana lutea. Lin. — Montagne Verte.
326 — Burseri. Lapeyr. — A Vreque, près de Goursi.
327 — cruciata. Lin. — Prairies de Béoste.
328 — Pneumonanthe. Lin. — Eaux-Bonnes.

329 * Gentiana acaulis. Lin. — Eaux-Bonnes. — Très-commune.
330 * — alpina. Vill. — Annouillas.
331 * — verna. Lin. — Ger. — Montagne Verte.
332 * — nivalis. Lin. — Ger. Très-alpine.
333 * — campestris. Lin. — Eaux-Bonnes, commune.
334 * — ciliata. Lin. — Id. Id.
335 Exacum filiforme. Wild. — Eaux-Bonnes.
336 Convolvulus sepium. Lin. — Chemin d'Aas.
337 Cuscuta major. Bauh. — Pelouses de Discoo.
338 — minor. Bauh. — Id.
339 Echium vulgare. Lin. — Eaux-Bonnes.
340 Myosotis nana. Vill. — Col d'Arvas.
341 Cynoglossum montanum. Lam. — Id.
342 Atropa Belladona. Lin. — Hournatêtgh, montagne de Béoste.
343 Hyoscyamus niger. Lin. — Près Gabas.
344 Digitalis purpurea. — Id.
345 Anthirrinum Orontium. Lin. — Prairies.
346 Linaria originalifolia. D. C. — Eaux-Bonnes.
347 * — alpina. D. C. — Eaux-Bonnes.
348 Scrofularia aquatica. Lin. — Commune.
349 — nodosa. Lin. — Id.
350 * — Scopoli. Hop. — Eaux-Bonnes.
351 — canina. Lin. — Bords du gave.
352 Erinus alpinus. Lin. — Partout aux Eaux-Bonnes.
353 Orobanche major. Sutt. — Promenade Grammont.
354 Lathræa clandestina. Lin. — Sources Discoo.
355 * Pedicularis verticillata. Lin. — Rochers de Lassive. — Ger.
356 * — rostrata. Lin. — Id. — Id.
357 — tuberosa. Lin. — Eaux-Bonnes.
358 — foliosa. Lin.
359 * Bartsia alpina. Lin. — Eaux-Bonnes.
360 Euphrasia alpina. Lam. — Id.
361 * Veronica serpyllifolia. Lin. — Eaux-Bonnes.
362 * — alpina. Lin. — Pembécibé.
363 * — fruticulosa. Lin. — Ger.
364 * — bellidioides. Lin. — Pembécibé.

365 * Veronica Ponæ. Gou. — Eaux-Bonnes.
366 * — aphylla. L. — Très - alpine. — Pembécibé.
367 — irregularis. Lapeyr. — Ger.
368 Ajuga reptans. Lin. — Commune.
369 * Teucrium pyrenaicum. Lin. — Eaux - Bonnes, commun.
370 * — montanum. Schreb. — —
371 * Sideritis pyrenaica. Poir. — Anie, Annouillas.
372 Galeobdolon luteum. Huds. — Eaux-Bonnes.
373 * Betonica Alepecuros. Lin. — Id.
374 — hirsuta. Lin. — Id.
375 Galeopsis Tetrahit. Lin. — Eaux-Bonnes.
376 Thymus Serpyllum. Lin. — Commun partout.
377 — alpinus. Lin. — Eaux-Bonnes.
378 — Calamintha. Scop.
379 * Melissa pyrenaica. Jacq. — Eaux-Bonnes.
380 Brunella grandiflora. Mœnch. — Id.
381 * Scutellaria alpina. Lin. — Pembécibé.
382 Pinguicula lusitanica. Lin.
383 — alpina. Lin. — Col d'Arvas.
384 * — grandiflora. Lam. — Eaux-Bonnes, en abondance.
385 Lysimachia vulgaris. Lin. — Eaux-Bonnes.
386 Anagallis tenella. Lin. — Versant méridional de la montagne Verte.
387 * Androsace villosa. Lin. — Pembécibé. — Ger.
388 — Chamæjasme. Wild.
389 * — carnea. Lin.
390 * — hirtella. Dufour. — Aucubat.
391 Gregoria Vitaliana. Duby. — Pembécibé.
392 * Primula elatior. Jacq. — Gesc. — Balour.
393 * — integrifolia. Lin. — Pembecibé.
394 * — farinosa. Lin. — Id.
395 * Soldanella alpina. Lin. — Près la lisière des neiges. — Balour.
396 * Globularia nana. Lam. — Annouillas.
397 * — nudicaulis. Lin. — Bords du Valentin.
398 — Alypum. Lin.

399 Plantago serpentina. Lam. — Brousset.
400 * — alpina. Lin. — Pembécibé.
401 * Chenopodium Bonus henricus. Lin. — Près les parcs et cabanes.
402 * Rumex alpinus. Lin. — Pembécibé.
403 * — scutatus. Lin. — Eaux-Bonnes.
404 * Oxyria digyna. Campd. — Pembécibé.
405 Polygonum viviparum. Lin. — Goursi.
406 * Passerina dioica. Ram. — Annouillas. — Gesc.
407 Daphne Cneorum. Lin. — Goursi.
408 * — Laureola. Lin. — Eaux-Bonnes.
409 Thesium linophyllum. Lin. — Id.
410 — alpinum. Lin. — Id.
411 Buxus sempervirens. Lin. — Eaux-Bonnes. — Partout.
412 * Euphorbia dulcis. Lin. — Eaux-Bonnes.
413 * — hyberna. Lin. — Id.
414 — sylvatica. Lin. — Id.
415 Urtica dioica. Lin.
416 Betula alba. Lin. — Bois, çà et là.
417 * Salix incana. Schr. — Bords du gave.
418 * — reticulata. Lin. — Ger.
419 * — pyrenaica. Gou. — Id.
420 * — retusa. Lin. — Id.
421 Fagus sylvatica. Lin. — Eaux-Bonnes. — Bois entiers.
422 Quercus Toza. Bosc. — Laccaseite de Louvie.
425 Corylus avellana. Lin. — Bois.
426 Taxus baccata. Lin. — Col du Teigh.
427 Juniperus Oxycedrus. Lin. — Col d'Arvas.
428 — communis. Lin. — Partout.
429 Pinus sylvestris. Lin. — Partout, sur les montagnes.
430 Scheuchzeria palustris. Lin. — Eaux-Bonnes.
431 Orchis nigra. Lin. — Sur toutes les hauteurs.
432 * — variegata. — Eaux-Bonnes.
433 — conopsea. Lin. — Eaux-Bonnes.
434 Serapias Lingua. Lin. — Id.
435 * Iris xyphoïdes. Ehr. — Balour. — Annouillas.

436 Crocus multifidus. Ram. — Commun à Béoste en septembre.
437 Narcissus incomparabilis. Mill.—Soum d'Andreit.
438 Convallaria verticillàtà. Lin.— Eaux-Bonnes. — Lieux ombragés.
439 — multiflora. Lin. — Aspiert, montagne de Béoste.
440 Fritillaria Meleagris. Lin.— Bagés.
441 Lilium pyrenaicum. Gou. — Goursi.
442 * — Martagon. Lin. — Bagés.
443 Erythronium Dens canis. Lin. — Bois de Bagés.
444 * Scilla umbellata. Ram. — Annouillas.
445 — liliohyacinthus. Lin. — Bois Dandreit.
446 Ornithogalum pyrenaicum. Lin.
447 Allium sphærocephalum. Lin. — Laccaseite de Louvie.
448 * — angulosum. — Pembécibé.
449 — suaveolens. Jacq. — Col de Tortes.
450 — serotinum. — A Hourat, près Laruns.
451 * — ursinum. Lin. — Eaux-Bonnes.
452 — senescens. Lin.
453 — grandiflorum. Lam.
454 Merendera bulbocodium. Ram. — Eaux-Chaudes. — Annouillas.
455 Veratrum album. Lin. — Montagne Verte.
456 * Juncus alpinus. Vill. — Gesc.
457 * Luzula spicata D. C. — Id. Pembécibé.
458 * Tofieldia palustris.— Pembécibé.— Annouillas.
459 Cyperus flavescens. Lin. — Fontaines près d'Aas.
460 Scirpus cæspitosus. Lin. — Bords du Valentin.
461 Eriophorum polystachium. Lin.
462 * Kobresia scirpina. — Rochers alpins de Pembécibé.
463 * Carex dioica. Lin. — Annouillas.
464 * — pulicaris. Lin. — Id.
465 * — ferruginea. — Annouillas.
466 * — rupestris. All. — Id. — Ger.
467 * — pedunculata. Schk — Pembécibé.
468 * — glauca. Scop. — Annouillas.
469 — sempervirens. Vill.

470 * Carex capillaris. Lin. — Pembécibé.
471 Mays Zea. Gærtn. — Champs cultivés.
472 * Calamagrostis argentea. D. C. — Pembécibé.
473 Agrostis pumila. Gand.
474 * — alpina. Leyp. — Aucubat.
475 * — rupestris. All. — Ger.
476 * Phleum alpinum. Lin. — Id.
477 Anthoxanthum odoratum. Lin.
478 Melica uniflora. Retz.
479 * Avena versicolor. Vill. — Pembécibé.
480 * Festuca eskia. Ram. — Ger.
481 * — spadicea. Lin. — Ger. — Col d'Arvas.
482 Kœleria cristata. Pers.
483 * Poa disticha. Jacq. — Annouillas.
484 * — alpina. Lin. — Id.
485 Briza media. Lin. — Eaux-Bonnes.
486 * Sesleria cœrulea. Ard.
487 Nardus stricta. Lin.
488 Triticum sativum. Lam. — Cultivé.
489 Secale cereale. Lin. — Id.
490 Hordeum vulgare. Lin. — Id.
491 Equisetum fluviatile. Lin. — Ruisseaux. — Prairies.
492 Botrychium Lunaria. Sw.
493 Osmunda regalis. Lin.
494 Polypodium vulgare. Lin. — Eaux-Bonnes.
495 * — dryopteris. Lin. — Gesc.
496 Polystichum filixmas. D. C. — Eaux-Bonnes.
497 — lonchitis. Roth. — Id.
498 Aspidium fragile. Sw.
499 Athyrium filixfeminea. Roth. — Eaux-Bonnes.
500 * Asplenium fontanum. D. C. — Pembécibé.
501 — septentrionale. Hoffm. — Eaux-Bonnes.
502 Scolopendrium officinale. S.
503 * Pteris crispa. All. — Eaux-Bonnes.
504 Adianthum Capillusveneris. Lin. — Fontaine d'Aas.
505 * Lycopodium selaginoides. Lin.

ÉNUMÉRATION

De quelques insectes coléoptères observés dans les montagnes des Eaux-Bonnes par M. L. Dufour.

1 Cymindis humeralis. Région alpine; Annouillas; sous les pierres. Pas rare.
2 Clivina arenaria. Var. Castanea. Bords du gave; sous les pierres.
3 — gibba. Var.
4 Carabus splendens. Rég. subalp.; Eaux-Bonnes. Il ne dépasse pas la zone des sapins.
5 — purpurascens. Var.
6 — catenulatus. Var. Commun.
7 — convexus. Var. Plus rare.
8 — hortensis. Var. Commun.
9 — pyrenæus. Rég. alp. Annouillas. Il ne quitte point la zone alpine. Peu commun.
10 Calosoma sericeum. Une seule fois dans la vallée d'Ossau.
11 Nebria picicornis. Bords du gave; au pont de Loubie.
12 — jockischii. Rég. alp.; Annouillas. Rare.
13 — lafrenayei. Rég. Plus commune.
14 Leistus nitidus. Bords du gave. Rare.
15 Licinus silphoides. Eaux-Bonnes. Rare.
16 Badister bipustulatus. Ib. Rare.
17 Chlœnius velutinus. Bords du gave.
18 — vestitus. Ib.

19 Chlœnius tibialis. Ib. Rare.
20 Amara montana. Rég. alp. Annouillas.
21 Anchomenus cyaneus. Bords du gave. Jolie et rare espèce.
22 Calathus frigidus. Rég. subalp. Balour, etc.
23 — melanocephalus. Ib.
24 Argutor abaxoides. Rég. alp. Annouillas. Pas rare.
25 — pusillus. Ib. Plus rare.
26 Pœcilus lepidus. Vallée d'Ossau.
27 Platysma nigra. Balour, Eaux-Bonnes.
28 Pristonychus pyrenæus. Dufour. Rég. alp. Pic de Ger. Très-rare.
29 Pterostichus parumpunctatus. Dufour.
30 — Dufourii. Dufour et Anouillas. Rare.
31 Abax striola. Eaux-Bonnes.
32 Steropus concinnus. Ib.
33 Zabrus abesus. Rég. alp. Annouillas. Ger. Commun.
34 Harpalus conformis. Eaux-Bonnes.
35 — semi-violaceus. Ib.
36 — serripes. Ib.
37 Bembidium striatum. Bords du gave.
38 Peryphus tricolor. Ib.
39 — decorus. Ib.
40 — cœruleus. Ib.
41 — femoratus. Ib.
42 — rufipes. Ib.
43 Lopha 4 guttata. Ib.
44 — 4 maculata. Ib.
45 Omophron limbatum. Ib.
46 Lesteva dichroa. Ib. rare
47 Lycus minutus. troncs de hêtre.

48 Rhysodes europæus. Vieux troncs pourris de sapin Insecte rare, qui n'avait point encore été trouvé en France, lorsque M. Léon Dufour le rencontra en 1828.

49 Necrophorus mortuorum. Les charognes. Rare.

50 Sylpha atrata. Sous l'écorce des sapins.

51 — thoracica. Excréments humains.

52 Peltis grossa. Sous l'écorce des sapins.

53 — ferruginea. Ib.

54 Thymalus limbatus. Ib.

55 Byrrhus pyrenæus. Sous les pierres.

56 Synodendrum cylindricum. Troncs morts.

57 Hypophlæus castaneus. Ib.

58 — bicolor. Ib.

59 Diaperis boleti. Bolets parasites.

60 — violacea. Ib.

61 Boletophagus crenatus. Ib.

62 — spinosulus. Écorces de hêtre.

63 Melandria serrata. Ib.

64 Anthribus albinus. Ib.

65 — latirostris. Ib.

66 Liparus glabratus. Sous les pierres.

67 Pachygaster navarricus. Ib.

68 — monticola. Plus alpin.

69 Callichroma alpina. Vieux hêtres.

70 Chrysomela gloriosa. Les plantes.

71 — cacaliæ. Sur le cacalis.

72 — phalerata. Ib.

73 — pyritosa. Prairies.

74 — aucta. Ib.

TABLE.

FIN DE LA TABLE.

www.ingramcontent.com/pod-product-compliance
Ingram Content Group UK Ltd.
Pitfield, Milton Keynes, MK11 3LW, UK
UKHW020322230726
13925UKWH00002B/567